Adelbert Muhr · Der feurige Elias

Adelbert Muhr

Der feurige Elias

Europas kleine Bahnen

Zeichnungen von
Wilfried Zeller-Zellenberg

Amalthea

Schutzumschlag: Zeichnung Wilfried Zeller-Zellenberg,
Typographie Wolf Bachmann
Gesamtherstellung: Jos. C. Huber, Dießen
Printed in Germany 1976
ISBN 3-85002-074-6

Inhalt

OUVERTÜRE

Die Romantik der Wegwerfgesellschaft

Als zu Beginn des 20. Jahrhunderts die elektrische Beleuchtung sich allgemein durchsetzte, fing man mit dem Wegwerfen der Petroleumlampen an. Die gewichtigen, wohlgeformten Stehlampen, einen kleinen milden Lichtkreis verbreitend, alles übrige im intimen Dämmer belassend, sind heute gesuchte, hochbezahlte Raritäten. Nach dem Zweiten Weltkrieg folgte u. a. das Wegwerfen der Schaukelstühle, altmodische Relikte, heute gesuchte, hochbezahlte Raritäten. Das gehört zur Romantik von heute, die falsch, aber modern ist.
Der anschließenden Wirtschaftswunderwelt genügte es nicht mehr, sich solcher Kleinigkeiten zu entledigen. Sie machte sich an qualifiziertere Gegenstände. Fotoapparate, Kameras, eben noch Spitzenleistungen, wurden weggeworfen, weil man sie neuerdings aus papiermachéartigem Kunststoff bekommt. Sie sind schon von vorneherein dazu verfertigt, sie nach kürzestem Gebrauch wegwerfen zu sollen. Und das taten die Käufer alsbald, um wieder neue zu kaufen. Weggeworfen werden die technischen Wunderwerke der Radios, man erwirbt die neuesten Marken der Farb-TV-Apparate, Tag und Nacht lärmende Glotzröhren, um up to date zu sein.
Gediegene Möbel, durch Generationen stilvoll an ihrem Platz belassen, wurden weggeworfen, um sie durch fragile neueste zu ersetzen. Ihre Vorzüge sollen darin bestehen, sie verändern zu können, aus einem Kasten mit ein paar Handgriffen ein Bett und umgekehrt zu machen, aus einem Küchentisch eine Badewanne und umgekehrt. Auch die Wohnräume selbst kann und soll man durch transportable Wände dauernd verändern. Man inseriert »ein neues Wohngefühl«, doch propagiert man nichts anderes als die Unruhe eines Unheims satt der Ruhe eines Heims.
Vor den Verkehrsmitteln, sie sind ja zwecks Ortsveränderung

geschaffen, machte man nicht Halt. Weggeworfen wurden die Fahrräder, auf die sich heute der kleine bessere Teil der Menschheit wieder zu besinnen beginnt. Sie sollen den Beinen wenigstens annähernd ihre natürliche Funktion belassen, die sie, eingezwängt und verkrümmt in den Autos, verloren haben. Ausgeliefert der blechernen Sintflut, *will* man nicht mehr gehen, man wird aber bald nicht mehr gehen *können*, es sei denn als watschelndes Entenvolk, geschoppt mit Cordon bleu. Statt der heutigen Fahrschulen wird man bald Gehschulen errichten müssen. Auch die Pferdekutschen werden als Moderarität hervorgeholt, um einem verromantisierten und sentimentalisierten Fremdenverkehr nostalgisch – großes Modewort! – zu dienern.

Warum soll man nicht auch die Eisenbahnen wegwerfen? Zum alten Eisen damit! Sie, die größte Errungenschaft des 19. Jahrhunderts, haben in wenigen Jahrzehnten die Welt verändert wie es nichts anderes in Jahrtausenden vorher vermocht hatte. Die Kinder des 20. Jahrhunderts können sich keine Vorstellung davon machen. Ein Glastransport vom abseitigen, doch mit hoher Glasmanufaktur begabten Waldviertel auf hochbeladenem, zum Umfallen neigendem Straßenfuhrwerk nach Südosteuropa dauerte ein paar Monate, auf dem Schienenweg dauert es ein paar Tage. Das ist nur ein Beispiel. So kam es von selbst, daß dank den Eisenbahnen die Kirchturmpolitik von der Weltpolitik abgelöst wurde.

Begonnen hat man mit dem Wegwerfen der sogenannten Nebenbahnen und will sie weiter wegwerfen. Die Strecken und die Flächen der verschwindenden Stationsanlagen werden zu Parkplätzen für Autos und öden Reihensiedlungen degradiert. Es soll nur noch Autoverkehr geben dürfen, Pkw und Lkw. Sogar auf dem Mond hat man als erstes nichts Eiligeres zu tun gehabt, als ihn mit einem Auto zu beglücken. Man huldigt dem Aberglauben — auch Aberglaube große Mode! —, das Auto sei schneller als die Bahn. Zwar macht das Flugzeug und die Überschallgeschwindigkeit der Astronauten auch schon den Autos Konkurrenz. Aber wenn der modische Bestseller »Und die Bibel hat doch recht!«, von Millionen Lesern gläubig verschlungen, recht hat, müssen diese Leser auch dem apokalyptischen Bibelwort

gläubig sein: Wenn sie durch die Lüfte gefahren kommen, ist das Ende der Zeiten nahe.
Kaum hatte man die kleinen Eisenbahnen wegzuwerfen begonnen, setzte auch hier das Bestreben von Eisenbahnnarren ein, wenigstens einige von ihnen als sogenannte Museumsbahnen auf schmalspurigen Torsostrecken zu bewahren. Dampfbetriebenes zwingt sie in die Knie. Ein heute sehr alter Zeitgenosse mag noch die Flüche seines Vaters oder Großvaters aus der Biedermeierzeit (sie, die beschaulich-stille, produzierte paradoxerweise die lauten ersten Eisenbahnen!) im Ohr haben, womit jene die Eisenbahnen, welche noch klein waren, verdammten und allen Ernstes die Eisenbahnpioniere mit dem Tod bedrohten: dieselben Wüteriche würden heute gleich ihm à la »Kaiser Joseph und die Bahnwärterstochter« empfinden: »Ja, so a Logomodiew is halt was kommod's.«
Die Jungen und Jüngsten unserer Zeit, welche die Kulturmenschheit zu gleichmacherischen Zivilisationshörigen sine nobilita herabsinken läßt und die Bahnen von der Straßenbahn (»schaffnerlos« – Knopfdrücken ist alles!) bis zum Fernexpreß einer Automatik untertan macht, die menschliche Führung und Fühlung ausschließt – dieses in Geisterzügen dahinrasende neue Geschlecht wird zu einer neuen Art von Snobs, plebejischen Snobs, die der natürlichen Quellen verlustig gehen, ja sie verhöhnen.
So bleiben uns nur die kleinen Eisenbahnen, so weit sie noch nicht weggeworfen sind. Sie führen noch immer in Gegenden, »wo die Quellen fließen, an denen das Gesindel nicht mehr mittrinkt« (Nietzsche). Sie führen zu jenen natürlichen Culturen, aus denen sich die Kultur entwickelt hat, wo wir noch jene Lebensformen ausüben können, die unverlierbar bleiben müssen, wenn wir zu *Über*lebensformen kommen wollen.
Ihnen, den kleinen Eisenbahnen, sind wir unsere Liebe schuldig.

Reisen und Gereistwerden

Es gibt Eisenbahnen, die fahren schnell, und es gibt Eisenbahnen, die fahren langsam. Und es gibt Eisenbahnen, die fahren weder schnell noch langsam: sie lassen sich Zeit. Es gelingt ihnen, in zwei Stunden eine größere Strecke zu machen als in einer.
Die Lokomotiven und Waggons dieser sogenannten kleinen Eisenbahnen können genau so groß sein wie die der großen Eisenbahnen, ihre Spurweite muß keineswegs schmal (600 mm bis 1200 mm), sie kann die übliche Normalspur (1435 mm) sein, und ihre Streckenlänge muß keineswegs kurz, sie kann einige hundert Kilometer lang sein. Sie unterscheiden sich von den doppelgeleisigen großen durch ihre Eingeleisigkeit, ihre geringere Geschwindigkeit, ihre Betriebsform, das Fehlen des Nachtverkehrs: natürlich, sie wollen ja die Welt anschauen können. Sie haben eine Weltanschauung. Diese können die großen Eisenbahnen nicht haben, sie sind dazu viel zu schnell, sie haben eine Allerweltsanschauung.
Im allgemeinen werden Eisenbahnen von Fahrplänen, Schienen und Signalen geleitet, die in Abständen an der Strecke stehen. An grünen Signallichtern können die Züge ohneweiteres vorbeifahren, erröten aber die Lichter, weil sie sich genieren, den Zug aufhalten zu sollen, muß der Zug anhalten. Die meisten kleinen Eisenbahnen haben den Vorzug, dieser Signale nicht zu bedürfen, sie brauchen weder grün noch rot usw., bei ihnen geht es auch ohne Hilfe. Die kleinen Eisenbahnen sind eigenwilliger und selbständiger als die großen.
Man hat eine Arbeitsteilung vorgenommen: die großen mühen sich rasend um weite Strecken ab, die kleinen Eisenbahnen genießen kürzere zeithabend. Im allgemeinen kann man mit Eisenbahnen nach Athen fahren, aber auch nach Atzgersdorf, nach Genua, aber auch nach Grammat-Neusiedel, nach Mekka, aber

auch nach Mistelbach, nach Paris, aber auch nach Purkersdorf, nach Wladiwostock, aber auch nach Wampersdorf, nach Zürich und sogar nach Zentralfriedhof.

Die großen Eisenbahnen sind Mittel zum Zweck, so rasch wie möglich ans Ziel zu kommen, die kleinen Eisenbahnen haben ihnen voraus, daß sie auch Selbstzweck sind. Sie lockt weniger das Ziel als vielmehr die Reise. Wer eine Reise nur des Ziels wegen unternimmt, ist der Reise nicht wert. Wenn der Marquis del'Angle gesagt hat, die Liebe ist eine Kunst wie das Reiten und Flöteblasen, so kann man auf die Reise übertragen, daß sie eine Kunst ist wie das Schauen und Genießen, kurz, der Liebe sehr verwandt. Ähnlich ist ein Wort Hofmannsthals über das Schreiben zu variieren. Er sagt im Vorwort zur deutschen Übersetzung von Flauberts »Education sentimentale«: »Es widerstrebt mir, denen, die es nicht schon wissen, zu sagen, was Schreiben ist. Sie würden nicht begreifen, daß es Schreiben und Schreiben gibt, und sich nicht überzeugen lassen, daß ein Abgrund Schreiben und Schreiben trennt.«

Ebenso trennt ein Abgrund Reisen und Reisen. Er ist heute am tiefsten geworden. Eine Zeit wie die unsrige ist eine Zeit, die keine hat. Wo sind jene Reisenden, die noch vor wenigen Jahrzehnten vor einer Reise nach Italien sich monatelang vorbereiteten, nicht wie heute was Ausstattung und Kleidung betrifft, sondern im geistigen Sinne, im Erlebnissinn, von der Vorfreude auf das Risiko ganz abgesehen? Und es muß nicht Italien oder Griechenland, es können auch die nahen Hainburger Felshorste oder die Leiser oder Pollauer Berge gewesen sein.

Was tut jedermann heute? Man geht, nein, fährt Auto in eines der nächsten Reisebüros, die überall aus dem Boden schießen und mit Plakaten – gleichwie die Zeitungen mit Annoncen – locken: »Bangkok für jedermann«, »Nepal perfekt erschlossen.« Man fragt, wohin man fahren soll. Marokko? Nein, das ist schon ausgebucht, denn durch die Reisebüros wird das Reisen bürokratisch. Flieg ich halt nach Rußland. Oder nach dem ebenfalls fix und fertig vorgekauten Mallorca. Man bezahlt alles von vorneherein: Flug (wer wird denn fahren?), Hotel, Verpflegung und Führung. Eisenbahn? Steht außer jeder Diskussion. Obwohl man in der Eisenbahn alles tun kann, was einem beliebt, sitzen, gehen, liegen, lesen, schreiben, gymnastiken, essen, trinken, rauchen, tanzen, schlafen, lieben, gar nicht zu reden von l'usage du cabinet außer pendant l'arrêt du train en gare – gibt es alles das im Autobus nicht. Es gibt es außer Sitzen nicht nur nicht, man wird tage- und nächtelang eingezwängt ohne sich rühren zu können, gerade, daß man nicht in Kunststoff verpackt und versiegelt wird. Kommt man verkrümmt am Ziel an, ohne irgendwas von den durchrasten Gegenden erkannt zu haben, muß man, obs einem paßt oder nicht, mit dem vororganisierten Hôtel samt Verpflegung vorlieb nehmen.

Vom Reiseleiter herdenweise zu Bauwerken, in Museen und Ausstellungen geschleppt, schaut man die Kunstwerke kaum an, es ist ja auch keine Zeit zu genießen; man schaut dafür den Reiseleiter ausgiebig an, wie er alles schmackhaft zu machen versucht. Auch in der Landschaft hat man das persönliche Aufnehmen verlernt. Ja, man nimmt schon auf: Fotos. Drauf los knipsend, prägt man dem Apparat ein, was man sich selber einzuprägen unfähig ist.

Reisen, das verändern und erneuern soll, bleibt den Gepflogen- und Gewohnheiten des Alltags untertan, auch das Essen, man verlangt in Spanien Wiener Schnitzel und auf allen Reisen das gleiche Klima. Dem kommen die künstlichen Klimaanlagen entgegen, die »Vollklimatisierung«, und die ist sogar notwendig, da einem durch die chemisch verpackte Blitzanreise der Klimawechsel, die allmähliche Angleichung an das andere Klima entzogen wird. Ohne all das würde man heute gar nicht reisen.

Aber man reist ja nicht. Man wird gereist.

Die Vorläufer dieses in unsern Jahrzehnten nach dem Zweiten Weltkrieg grassierenden Sozialmassentourismus plus Sightseeingtours gehen auf die Gesellschaftsreisen schon vor dem Ersten Weltkrieg zurück. Obwohl sie viel weniger aufwendig waren, wurden sie schon um 1900 von Otto Julius Bierbaum in seinem im Mittelmeerraum spielenden Roman »Yankeedoodle-Fahrt« aufs Köstlichste ironisiert.

Ja, organisierte Reisen für mehrere Personen, sogenannte Gruppenreisen, hat es schon im 16. Jahrhundert gegeben, und das waren noch echte Reisen, d. h. Reisen mit Risiko und Abenteuer. Auf Schritt und Tritt, und das buchstäblich, erlebte man Land und Leute, Luft und Wetter, Bill und Unbill, und das ist der Sinn der Reise.

Der berühmteste Reiseorganisator von damals war der Fußacher Bote. Die Fußacher Boten standen wegen ihrer festen und mäßigen Preise in gutem Ruf. Man konnte sich dem Boten, der in der Hauptsache Frächter war, anschließen und bezahlte anfang des 17. Jahrhunderts für die Reise vom Bodensee nach Italien inclusive Verpflegung, Unterkunft und Pferde 24 Reichsthaler. Auffallend Dicke hatten das Doppelte zu berappen . . . Die Fußacher Boten führten die Reisenden, wenn sie sich »ihnen raccomandierten, mit der Gnade Gottes« in sechs Tagen und Nächten nach Mailand, falls alles glatt ging.

Von Lindau fuhr man zuerst einmal zu Schiff in zwei Stunden nach Fußach. Dann ritt man gegen Feldkirch, »einem wohlerbauten Städtlein mit Weinwuchs«, wie sich Furttenbach in seinem ITINERARIUM ITALIAE, einem der ersten Reisehandbücher lange vor Baedeker, ausdrückt. Dort war die erste Nachtherberge. In Chur, schon in der Schweiz, »wo eine große Niederlag«, wurde zum zweitenmal übernachtet. Nun war es mit der Fahrstraße aus, die Waren wurden in »Lägeln« gepackt und auf Saumrosse geladen; man selber bestieg trittsichere Pferde. Aber von Tusis an ließ man sie besser allein gehen. »Mit Fußeiselen und spitzen Stecken versehen«, brachten die Reisenden mit vieler Mühe den »ungeheuer bösen Weg« über die vielen schmalen Brücken der Via Mala hinter sich. In der Nachtherberge in Splügen scheint sich Furttenbach nicht gut ausgeruht zu haben; »das Federwatt (Bettzeug), das hier gebräuchlich, wächst mehrerteils am Holz«, berichtet er; im Laub zu schlafen war im Winter zu kühl. Um Lawinen zu vermeiden, hieß es sehr früh aufbrechen. Oft mußte der Mailänder Bote Männer zum Schneeschaufeln aufnehmen. Nach dem anstrengenden Weg war es auf der Splügenhöhe notwendig, nicht nur die Reisenden, sondern auch die ermatteten Pferde mit Brot, das in Veltliner Wein getunkt worden war, zu laben. Den steilen Kardinell hinab empfahl Furttenbach, in »bergknappischer Weis« auf dem Hintern hinunterzurutschen. Nach der Mittagsrast in Campodolcino war Chiavenna, die wichtige Graubündnerstadt mit vielen Kaufhäusern und reichem Transit- und Speditionsverkehr, die nächste Nachtherberge. Durchs Tal der Metra und Lira gings nach Riva am Comosee. Hier wurde alles auf Schiffe geladen; zwanzig Stunden brauchte man, rudernd oder bei günstigem Wind segelnd, für die Seefahrt nach Como. Nun lud man wieder alles auf Wagen um, die Reisenden bestiegen wieder Pferde, und nach dem Abendimbiß in Como begann die letzte Strecke: der Weg nach Mailand. Im ganzen hatte man mindestens zwanzigmal umladen müssen. Matt und müde zog man am Sonntag früh durch die Porta Romana in Mailand ein. In der osteria dei tri re (Gasthaus zu den Drei Königen) ruhte man sich von den Reisestrapazen aus. Hier, im angesehensten Gasthof, pflegten auch die großen Herren zu logieren und berühmte Dichter, wie Goldoni und Lessing. Ja, das waren noch Reisen!

Was Goethe betrifft, dessen »Italiänische Reise« uns so reichlich Aufschluß über seine Hinreise und seinen Aufenthalt vom Herbst 1786 bis Mai 1788 gibt, so verschwiegen bleibt er, auf welchem Weg er heimgekehrt ist. Sicher, daß er am 22. Mai 1788 in Mailand angekommen ist und wohl in der osteria dei tri re übernachtet hat, und da er am 28. Mai, einem Mittwoch, abgereist ist, hat er sich gewiß des Fußacher Botens bedient, dessen Rückreisetag seit Jahrhunderten der Mittwoch war. Auch Goethes Ankunftstag in Fußach (2. Juni 1788) war der übliche Ankunftstag des Fußacher Botens: ein Montag. Natürlich war das Reisen Ende des 18. Jahrhunderts nicht mehr so primitiv und beschwerlich.

Goethe gehört zu den drei Idealtypen, außer ihm noch Dickens und Stendhal, die uns als Vorbilder am Reisen dienen sollten. Goethe hat noch den Beginn des Dampfschiff- und Eisenbahnzeitalters erlebt und er hat die Dampfschiffe, die vor den Eisenbahnen kamen, und die Eisenbahnen bejaht. Laut Eckermann sagte er: »Mir ist nicht bange, daß Deutschland eins werde; unsere guten Chausseen und künftigen Eisenbahnen werden schon das ihrige tun.« Er war vates, d. h. Seher, und ein Dichter ohne Sehergabe ist keiner. Goethe ist noch immer der modernste von allen. Er ist nach Italien mit einem großen Vorwissen gereist, er hat dort gefunden, was er, dank seinen Studien, suchte. Seine Reise, zum Großteil auf den Spuren der Antike, war eine genugtuende Bestätigung, sozusagen ein Wiedersehen im Geiste.

Dickens, der zweite Typ, wußte und wollte nichts im voraus wissen. Er ließ sich überraschen. Sein Wandern war ein Wundern (gibt es da nicht – poetische Lizenz – etymologische Zusammenhänge?). Er überließ sich dem Zufall. So wanderte auch der Taugenichts durch Italien, obwohl sein Dichter Eichendorff nie dort war, gleichwie Schiller nie in der Schweiz war und doch den Tell schrieb. Man lese Dickens' humorvolle Schilderungen der Mississippidampfer nach, um eine Vorstellung von seiner unvoreingenommenen bildkräftigen Erlebnisfähigkeit zu haben.

Der dritte Prototyp des Reisenden ist Stendhal. Er ist eine Mischung aus beiden Typen. Er verzichtete auf gründliches Vorauswissen à la Goethe, um im fremden Land zu suchen, was er finden will. Aber er, Stendhal, ist genug informiert, um über das zu bereisende Gebiet mehr zu wissen, als der Durchschnittsgebildete Enheimische selber weiß. Und er läßt sich Spielraum für unverhoffte Entdeckungen. Er ist der Typ des Reisenden, der uns am nächsten stehen sollte.

I. Teil
ES IST NICHT MEHR . . .

Hollands Sand hat die Bahn begraben

»Lompe! – Lompe! – Lompe!« ruft ein Mann, mit drei Säcken bepackt, sein Rad schiebend, im Rotterdamer Vorort am Maashaven, wo es scharf nach Heringen riecht, und der Mann ruft ein viertesmal, schreiend mit langem Auslaut wie ein Verzweiflungsruf: »Lompeee!!!«
Kinder folgen ihm, nachäffend. Es ist der Lumpensammler, wie es im alten Österreich der »Handlee!«-Jude war. Auf einmal verschwindet er samt Gefolge und Echo in Funken, dichtem Rauch und Kohlensplittern. Es reizt zum Husten und schmerzt in den Augen. Als wieder halbwegs Sicht ist, sehe ich in süßlich riechenden Dampfwolken so etwas wie einen Eisenbahnzug.
Ein Etwas, halb überdimensionierte ratternde Nähmaschine, halb Bügeleisen, quält sich inmitten der belebten Stadtstraße mit einer Art langem buntem Stoffstreifen ab, und das Ganze ist, als wieder Klarheit herrscht, als Eisenbahnzug zu erkennen. Eine grüne Lokomotive, ein Packwagen undefinierbarer Farbe, drei braune Personenwagen voll zeitunglesender Passagiere, drei hochbeladene Kohlenwagen und ganz hinten zwei graue geschlossene Güterwagen. Noch verzweifelter als der Lumpensammler kreischt die Lokomotive vor Straßenkreuzungen auf. Unterm Fahren springen ganze Knäuel von Leuten ab und lachenden Kondukteuren, die nebenher mitlaufen, in die Arme.
Beim folgenden Halt griff ich die Nähmaschine bzw. das Bügeleisen an, aber da es weder stach noch glühte, saß ich alsbald im Zug drin und fuhr mit. Es ist die kleinste Bahn Hollands, und welch geradezu pikanter Gegensatz, daß sie von Europas größtem und der Welt zweitgrößtem Hafen ausgeht. Sie führt in vielen Verzweigungen auf die Inseln draußen im Rheindelta, deren größte Overflakkee ist. Ich will bis zur Endstation Oostvoorne an der Nordseeküste fahren, und bis dorthin gibt es

viele Stationen oder sie sehen so aus. Es sind Cafés und Gasthäuser, einfach mit einem Bahnsteig vorne. Sie begrüßen uns mit Hühnern, Ziegen, Sonnenblumen oder, je nach Verkehrsgrad, mit lackierten Tischchen und Sesseln, auf denen Fahrgäste warten.

Als wir auf einer solchen Station länger verschnauften, um einen Gegenzug abzuwarten, stieg ich aus, setzte mich dazu und verlangte von dem Kellner, der den Verkehrsbeamten vertrat, zu der Eierspeise, weil sie mir ohne Gebäck serviert wurde und auch keines auf dem Tisch lag, ein Stück Brot. Dies rief eine Revolution hervor. Es war ähnlich wie in Stuttgart, wo ich nach reichlicher Konsumation ein Glas Wasser verlangt hatte. – »Wie? Ein Glas Wasser.« – »Ja.« – »Wozu?« – »Zum Trinken.« – »Wie? Zum Trinken?« – »Jawohl.« – »Kalt oder warm?« – »Warum warm? Wer trinkt warmes Wasser« – »Na ja, Sie wollen doch wohl 'ne Pille schlucken?« Kopfschüttelnd hatte man mir schließlich doch das Glas Wasser gebracht, und hier, auf dieser holländischen Station, bekam ich nach weiteren Erklärungen, wobei man mich auszulachen schien, zu der Eierspeise endlich auf einem Teller samt Gabel, Messer und Serviette ein Schinkenbutterbrot ... Geringer tut mans eben in Holland nicht. Siehe das Frühstück von gestern im Rotterdamer Hôtel: viele Gänge, die auf dem Tisch gerade noch Platz hatten, u. a. Butter, Käse, Honig, Schinken, Pasteten, fünferlei Brote; mir blieb für den ganzen Tag Verpflegung übrig, die ich in meine Taschen gestopft hatte.

Weiter von der Insel Ijsselwerde auf die Insel Putten und von der Insel Putten auf die Insel Voorne. Dazwischen Wasserläufe oder Meeresarme. Wir übersetzten sie auf Brücken, über die sich das Lokomotivchen so beeilte, daß die Zwirnspulenräder wie Ventilatoren verschwammen. Andere Zweiglinien wurden auf Trajekten übergeführt; diese Eisenbahngesellschaft RTM (Rotterdamsche Tramweg Maatschappij) unterhielt auch eigene Motorzüge, Autobusse und Dampfer. Unter einer Brücke sah ich einen Schiffszug durchfahren, der dem Bähnchen nicht unähnlich war: vorn ein spuckendes Schraubendampferchen, gelbe Manschette wie ein Provinzdandy um die schwarzglänzende

Angströhre, nennt sich großsprecherisch »Energie II – 8 tons«, und schleppt vier Kähne voll Kohle, von den ersten beiden kann ich ablesen: »543 tons R'-dam« und »Zinnenwaart 5–580 tons.« Folgt ein Netzwerk von Kanälchen, so schmal und rechtwinkelig, daß der kleinste Lastkahn, wenn er um die Ecke biegen will, zu reversieren gezwungen ist wie ein Auto; der Schiffer läuft mit der Stakstange von vorn nach hinten, von hinten nach vorn, springt aufs Ufer, dirigiert von dort, springt wieder aufs Schiff zurück. Er bückt sich unter Stegen, sind sie jedoch zu niedrig, kletterte er über die Stege drüber und springt dann wieder auf seinen Kahn hinab ... Aber Kähne sind auch auf dem Trockenen, hinterm Haus, wie ein ausgedienter Schuh auf engstem Fleck schräg hineingezwängt, und der Hühnerstall ist fertig.
Die Strecke endet mitten in den Dünen. Ohne Prellbock, an einem Sandhügel hört das Schmalspurgleis einfach auf. Die zwei Weichen sind verschüttet und müssen erst aus dem Sand gegraben werden, um zu funktionieren. Sieht man genau hin, erkennt man, daß die Strecke einst viel weiter führte, aber völlig im Sand begraben ist.
Das ist der Strand, der breite Strand von Oostvoorne. Infolge Landanschüttung wird er immer breiter vor dem Dünenwall, während der Strand von Rockanje, vom Meer weggenagt, immer schmäler wird. Der Strand von Oostvoorne hat ein paar windverwehte Erfrischungsbuden, wo ich meine Kleider zurücklasse. In der Schwimmhose mache ich mich auf die lange Wanderung. Es herrscht nur noch Wasser und Wind, Sonne und Sand.
Was wie ein Meer von Kieselsteinen aussieht, erweist sich als endlose Muschelkolonie. Nein, hier gibt es nicht das winzigste Steinchen, alles ist vermahlen, zerrieben, zu unabsehbaren Sandflächen verschwendet. Und die Muscheln hat die Meerflut herangeworfen, diese Millionen Muscheln, darauf ich, ein Strandläufer, mit nackten Sohlen wandere, diese feinsten und zartesten Muschelbänke, ebenso zahllos wie der Sand.
Ich wandere nach Süden, kein Mensch weit und breit. Ein Hase
 hat sich aus den Dünen heraus verirrt. Eine tote Robbe, faulig

riechend, liegt im Sand. Stundenlang wandere ich so in der Schwimmhose auf den düsteren Turm zu, der in der Ferne am Strand steht. Er scheint immer weiter wegzurücken wie eine Vision. Ist er nicht aus dem Nibelungenlied? Ein übriggebliebener von den sechsundachtzig Türmen des grünen Marmorpalastes Brunhilds, die hier am Nordmeer in unheimlicher Pracht aufragte?

Endlich erreiche ich ihn. Erst als ich ihn fast schon greife, stellt er sich als ein Betonbunker des letzten Krieges heraus.

Tarasconer Tartarin-Stimmung 1955

Sehe ich schon auf dem Weg zum Tarasconer Kleinbahnhof, wo die Strecke nach Saint-Rémy-en-Provence beginnt, kaum eine Menschenseele, so finde ich die sich auflösende Vorortelandschaft erst recht völlig verlassen, in ihrem lautlos tobenden Licht verbrannt. Aus dem spärlichen Gras, das wie Werg aussieht, beugen sich stachlige Akazien auf drei leere Geleise. Sie enden an drei Prellböcken in Kreuzform, den drei schwarz aufragenden Grabkreuzen dieses Bahnfriedhofs. Nichts ist zu hören als das Knirschen meiner Schritte auf dem Kies, dessen Glühen durch die Schuhsohlen dringt, und das Schrillen der Zikaden.

Im heißen Schatten des Bahnsteigs schläft auf einer Bank ausgestreckt ein Mann in blauem Overall, unrasiert, mit offenem Mund. Sein Schnarchen ist wie ein Stöhnen. Ich studiere den Fahrplan, über dem ein Spinnennetz hängt: täglich drei Züge nach Saint-Rémy-en-Provence hin, drei Züge her, die Strecke ist 12 Kilometer lang, sie brauchen dazu 35 Minuten.

Noch sieht man den ankommenden Zug nicht, nur den gelb ausgestoßenen Dampf. Dann dreht er sich kreischend herein auf dem ersten Gleis und die Lokomotive, klein und gedrungen, schleppt einen grauen Gepäck-, einen braunen Post- und zwei dunkelgrüne Personenwaggons nach. Von schwelender Luft wie von Wasserwellen umflimmert, nähert sich der Zug langsam. Noch während der Fahrt kriecht aus dem Fenster des Führerhauses auf allen vieren ein verrußter Mann mit einer Schaufel heraus und stellt sich aufrecht auf den Wasserkasten, gleichsam die Landung vorbereitend.

Die erfolgt jetzt mit einem Ruck und dem Klirren der Kuppelungen vor einer Drehscheibe, die wie ein riesiger Spuckfladen verdorrt. Die Eidechse verschwindet entsetzt in einem Spalt des Bahnsteigs. Dann wieder große Stille. Wird kein Mensch aussteigen, kein Stationsbeamter erscheinen? Sind der Heizer mit der Schaufel, die er da oben wie einen Dreizack präsentiert, und der hinter ihm zu erkennende Maschinenführer – beide schauen mich erstaunt an – die einzigen dieser Bahnszene? Da wird aus dem Gepäckwagen heraus eine Hand sichtbar und stellt ein Fahrrad und einen Kinderwagen auf den Bahnsteig.

Und dann neigt sich der erste Personenwagen zur Seite. Es zwängt sich eine dicke Marktfrau heraus, mit einem ungeheuren runden Gesicht, dunkelrot wie eine Tomate. Der andere Personenwaggon neigt sich noch mehr, und aus ihm wälzt sich ein gewichtiger Mann. Sie hat eine weiße Schürze, er eine altmodische Schildkappe; sie trägt einen vollen Eierkorb, er einen Patronengürtel, der seinen Bauch noch mehr vorstehen läßt, und über der Schulter eine doppelläufige Jagdflinte; sie kann mich aus ihren schweißüberronnenen Augen wohl kaum ausnehmen, er mißt mich mit einem wohlwollenden Blick.

Die beiden verschwinden in der flimmernden Stille stadtwärts. Der Zug schiebt zurück, und so verschwindet auch er in der Biegung. Noch einmal kreischt es durchdringend. Der Mann, der im blauen Overall auf der Bank des Bahnsteigs schläft, dreht sich auf die andere Seite. Es bleibt nur der leere Kinderwagen zurück und, an ihn gelehnt, das Fahrrad, eine Halluzination aus Draht und Blech, die im Sonnenfeuer zerschmilzt.

Die gleiche Verschlafenheit finde ich in den ersten Nachmittagsstunden auch im Stadtinnern von Tarascon. Eine auf die Genüsse des Leibes beschränkte Hoffart brütet wie die Sonne in den ausgestorbenen Gassen. Nicht einmal eine Katze ist zu sehen. Wie bezeichnend, daß in der Stadtmitte die Rue des Halles liegt, daß Tarascon um die Markthallenstraße herum gebaut ist! Dick wie die Marktfrauen, die wohl zu ihrer Zeit hier zu hocken pflegen, sind die Säulen der Arkaden, deren niedrige Bogen – ich ziehe förmlich den Kopf ein – der Behäbigkeit der Sonntagsjäger à la Tartarin entsprechen. Auch die Verkaufsläden im Dämmer dieser Arkaden sind breit und gedrungen gewölbt, es münden von beiden Seiten die Schlachthöfe der Fleischer ein, mit ihrem Fliegengesumm und Geruch nach Schweinen und Wild.

Nicht von ungefähr hat Alphonse Daudet hier seinen wackeren

Kleinbürger Tartarin beheimatet sein lassen, der nach erfolglosem, aber großsprecherisch ausgeschmücktem Jagdausflug von den unfernen Montagnettes-Hügeln heimkehrend, in dieser Straße seine Jagdtrophäen bei den Wildbrethändlern erstand ... Und seine Abenteuer unter den Wilden Afrikas, die man ihm andichtete, diesem tollkühnen Löwenjäger in Algier – obwohl er sich nicht einmal über die Rhônebrücke, diesen prächtigen pont suspendu, nach Beaucaire hinüberwagte, aus Angst, vom Mistral ins Wasser geweht zu werden. War er nicht der ritterstolze Don Quijote und der gutmütige Sancho Pansa in ein und derselben Person?

Und dabei liegt Beaucaire so lockend drüben unter einer Felsenfestung. Es ist jenes Beaucaire, das Tartarin erst recht hätte lokken müssen, gab es doch zu seiner Zeit um die Mitte des 19. Jahrhunderts noch die Jahrmärkte, seit siebenhundert Jahren von der ganzen Alten Welt beschickt und besucht, das Bunteste vereinend, wahre Weltwunder von Jahrmärkten.

Tarascon ist durch diesen feigen Helden berühmt geworden, diesen großträumenden Kleinbürger, den Alphonse Daudet in seinem Roman »Tartarin von Tarascon« unsterblich gemacht hat. Doch wird man des Dichters Namen auf keiner Straßentafel finden, obwohl man sonst mit Dichterstraßen in Tarascon nicht spart, siehe die Mistral-, Victor-Hugo-, Emile-Zola-Straße und so weiter. Man grollt dem Schöpfer des Tartarin nachträglich, weniger des Helden selbst als mehr der Art wegen, mit der Daudet die Gesamtheit der Tarasconer Kleinbürger lächerlich gemacht hat.

Jeder Fremde, der nach Tarascon kommt und nur darum nach Tarascon kommt, fragt mit boshaftem oder gutmütigem Lächeln nach dem wackeren Tartarin ... Und lebt er nicht wirklich weiter, unsterblich? Habe ich ihn nicht aus der Kleinbahn aussteigen sehen, dick, mit seinem würdigendem Blick, seinem martialischen Bart und dem imponierenden Jagdgeschirr? Warum sollen die Tarasconer nicht stolz auf ihn sein dürfen?

Nicht umsonst ist Tartarin in diesem ver-legenen Städtchen zu Hause, wo die rülpsende Phantasie der Bewohner in ihren Verdauungsträumen längst zum Schöpfer des Tarasque geworden war, jenes Ungeheuers, von dem Tarascon seinen Namen hat. Dieser Wasserdrache Tarasque, ein amphibisches Monstrum, steigt von Zeit zu Zeit aus dem Rhône heraus und verschlingt die Einwohner, mit Maul und Schwanz gar fürchterlich um sich schlagend ... Es ist die tierische Verkörperung der alles verschlingenden Rhôneüberschwemmungen (Joseph Viktor v. Scheffel hat die Sindflut vom Jahre 1856 sehr anschaulich beschrieben), ein groteskes Symbol für den unberechenbar wilden Rhône.

Gleichwohl ist der grünschuppige Wasserdrache Tarasque keineswegs Erfindung oder gar Lüge. Im »Tartarin von Tarascon« sagt Daudet ausdrücklich:

»Der Mann des Südens lügt nicht, er täuscht sich höchstens. Er sagt nicht immer die Wahrheit, aber er glaubt, sie immer zu sagen. Seine Lüge ist keine Lüge, sondern ein wunderlicher Wahn, eine von ihm selbst inszenierte Fata Morgana ... Der einzige Lügner, den es im Süden gibt, ist die Sonne, die alles vergrößernde und verzaubernde Sonne – was sie berührt, erstrahlt in magischer Größe.«

Bulgarisches Stenogramm

Mi. 16. Juli 1958. Sofia, reinste Hauptstadt Europas: Tag und Nacht werden die Riesenplätze, ohnehin rein genug, bewässert, aus Schläuchen und mit Maschinen buchstäblich gewaschen, appetitlich zum Ablecken; und Tag und Nacht umlagert das Volk die vielen Monumentalbrunnen. Extreme Hitze, gewiß, aber sind die Bulgaren nicht ein Gärtnervolk, dem die Reinlichkeit eingeboren ist? Sogar die eingeleisige Bahnstrecke durch die Donauebene nördlich nach Vidin haben sie kilometerlang in eine hochgewachsene Prachtallee gehüllt.

Im Auto südlich zum Rilakloster. Außer dem Chauffeur sind wir zu dritt: unsere junge Fremdenführerin Bistra, eine andere Dame und ich. Fünffach breite Straße, Asphalt und Stöckelpflaster wechseln, und zusätzlich links und rechts breite Sandstreifen für Pferdefuhrwerke und Herden. Man hat verschwenderisch Platz, lange Pappelalleen weit ins Land hinein. Schafherden ziehen uns langsam entgegen, voran der alte Hirt an seinem hohen Stab, Kopf gesenkt, Pelzmütze ungeachtet der Hitze, auch die Schafe mit tief gesenkten Köpfen. Wir irritieren ihre fatalistische Ruhe überhaupt nicht, als ob wir nicht vorhanden wären; hinten der kleine schwarze Wachhund als einziger lebhaft.

Panne, Chauffeur repariert, sofort sind zwei andere Chauffeure da, aus haltenden Autos springend, helfen wortlos und sachverständig, schon gehts wieder weiter. Öde Hügel wie verbrannt, halb asiatisch, elende Dörfer, schiefe Lehmhäuser, wie aufgerissen zwischen Gruben. Um die Witoscha, den Ausflugsberg der Sofioter herum, kommen wir über Stanke Dimitrov – »wie Hainfeld«, sagt die andere Dame — gegen Mittag nach Kocerinovo. Rechts unten im Talgrund die gleichnamige Eisenbahnstation der Hauptstrecke nach Saloniki. Es zweigt die Schmalspurbahn nach

Rilski Monastir ab, hinauf ins Balkangebirge zum 1200 m hoch gelegenen Rilakloster. Obwohl ich mit unserem Auto in nicht einmal einer Stunde oben wäre, versteife ich mich auf den Kleinbahnzug, der viereinhalb Stunden braucht.

Nutzlose Proteste und Warnungen. Schon in Sofia hatte Bistra mir meine Extratour ausreden wollen. Bistra war der willkommene Ersatz für den uns in Wien angekündigten Herrn Schlesinger, nach welchem wir uns vor ein paar Tagen bei der Ankunft am Sofioter Hauptbahnhof die Augen ausgeschaut und den Hals ausgerenkt hatten, rufend: »Herr Schlesinger! Ist Herr Schlesinger nicht da?!« Er war nicht da, weit und breit nicht, der Herr Schlesinger, dafür war Bistra da, Studentin, fließend deutsch sprechend. Bistra versuchte nun in Kocerinova ein letztesmal, mich umzustimmen; vergeblich. In der verwahrlosten Station verschoben lange Lastzüge der Hauptbahn, die Kleinbahn dahinter verdeckend.

Händezusammenschlagen sogar des Stationsvorstandes. Wie? Auf so ein Luxusauto verzichte ich? Vertraue mich der strapaziösen Bahn an? Fünfmal längere Fahrzeit! Nichts für Fremde! Gefährlich!

Nützt alles nichts. Auf die attraktiven Damen samt Auto verzichtend, lasse ich sie weiterfahren und besteige den Zug. Sobald ich auf den Trittbrettern bin, senkt sich der Waggon mir entgegen, was ich als freundliche Geneigtheit akzeptiere. Schmalste Plattform ohne Schutzgitter, starrer Mittelpuffer, Kettenkupplung, stoße mir den Kopf an das niedrige Dach. Drinnen in der Waggonmitte auf einer Seite W. C., auf der andern eisernes Kohlenöfchen samt gekrümmtem Rohr. Sieben kleine grüne Personenwagen, vorne zwei Postwagen, hinten drei offene Lastwagen, die Lokomotive noch schöner grün, der lange dünne Rauchfang hat oben ein aufgewölbtes Sieb. Der Kondukteur, zwerghaft zur Bahn passend, gelb, schlitzäugig wie ein Japaner, auch er will mich nicht dulden, fortwährend »malo« (oder so ähnlich) sagend und mit waagrecht gehaltener Hand »klein« deutend. Endlich verstehe ich, es ist ein Mu-Ki-Wagen, reserviert für Mutter und Kind. Steig ich halt in einen anderen Waggon um, Zeit genug bis zur Abfahrt. Am Buffet ist man träg, nichts

Gescheites zu kriegen, kaufe im Ort Proviant: Käse (Kaschkaval), schwarzes Brot, Pfirsiche, Flasche Rotwein. Ich will vorweg nehmen, wie köstlich es mir während der langen Fahrt geschmeckt hat, und ich kann die Hirten verstehen, die langlebig davon leben, wie das befriedigt und sättigt! Kehre rasch zurück, da eben ein langer Zug aus Sofia einfährt und einige hundert Aussteigende sich anschicken, den kleinen Zug zu stürmen; ihnen zuvorkommend, finde ich Platz, jeder Platz ein Fensterplatz, weil Längsbänke.

Fahrt im breiten Tal der Struma die Hauptstrecke entlang, dann scharf abbiegend landeinwärts in üppige Tabakkulturen. Schon in der übernächsten Station muß die Lokomotive Wasser fassen, das Wasserfassen wiederholt sich in jeder zweiten Station. Auf einigen Bahnhöfen halten wir an einem langen Spalier Einheimischer, die wunderbares Obst anbieten: saftige Birnen, Äpfel, Marillen, Himbeeren, Preis wie geschenkt. Alles kauft, mein Vorsorgen in Kocerinovo war überflüssig, das mitreisende Volk ißt und trinkt dauernd familienweise. Man besetzt in allen Bahnhöfen, wie ich es schon in Sofia gesehen habe, die großen Brunnen. Einmal halten wir ohne Station mitten im einsamen Waldschluchttal der Rila, die Maschine pumpt sich aus dem wilden Fluß schon wieder Wasser; viele Fahrgäste, unter ihnen sehr alte, sehr rüstige Männer klettern auf allen Vieren über die Felsen zum dahinschäumenden Wasser hinunter. Er ist von klarstem Dunkelgrün, ja, hier fließen noch die Quellen ... Man kühlt sich eifrig ab und zwei nehmen ein richtiges Bad, willkommen in der schweißtreibenden Hitze. Grelle Pfiffe, Weiterfahrt, die zwei noch in Schwimmhosen rennen nach und springen auf.

Mit all den bereitwilligen Menschen kann ich mich nicht wörtlich, wohl aber durch Zeichen und Deuten verständigen, lachend, und stoße auf einen, der fließend Französisch spricht. Ausgemergelt, zahnlos, sonst nett, wirkt er wie ein entlassener Sträfling und erzählt intelligent, daß er drei Jahre bei der Fremdenlegion war, jetzt Gelegenheitsarbeiter in Rila, außerdem Gehilfe des einzigen Arztes oben im Kloster. Er nennt sich Baj Georgi und steigt schon in Rila aus. Rila, Zentralstation der Bahn, viele Geleise, große Bahnwerkstätten und Heizhäuser, ich zähle nicht weniger als zehn Lokomotiven, alle so schön grün mit roten Streifen, 4-fach gekuppelt, »Henschel & Sohn, Cassel«. Kreuzung mit talwärts fahrendem Zug samt schwerbeladenen kreischenden Langholzwagen, Verschieben. Der lange Aufenthalt gibt mir Gelegenheit, die Geleiseanlagen zu skizzieren und die Lok en face.

Beginn der eigentlichen Bergstrecke, unser Zug wird geteilt und geht in zwei verkürzten Partien weiter, die zweite der ersten, in der ich verbleibe, auf dem Fuß folgend, vielmehr auf dem Puffer. Neben mir auf der hinteren Plattform des letzten Waggons der Japanerkondukteur an der Handbremse und mit gelbem Fähnchen, aufmerksam den uns in einer Distanz von kaum zehn Meter nachschnaufenden Zug im Auge behaltend. Die Maschinenführer und Heizer hängen weit aus dem Führerstand heraus, dauernd pfeifend, Kreuzungen mit der Autostraße. Unser Maschinenführer ist kugelrund, in grellrotem Hemd, der Heizer wie ein verhungerter Sibirjak oder Hunne geschwärzt von Kohlenstaub. Engste Serpentinen, stärkste Steigung 36 pro Mille bis auf 1000 m hinauf zwischen fantastischen Felsschroffen und durch ungeheure, einsame Nadelwälder.

Endich gegen Abend Endstation Rilski Monastir in kalter Höhenluft. Stationsvorstand ein alter Hüne, würdig, leichtgebeugt in hellblauem Operettenmantel, der reicht bis auf die Erde, er steigt drauf und verhaspelt sich, ohne an Majestät zu verlieren. Kaum ist der Zug verlassen, stürmen Hühner und schwarze Schweine die Personenwagen, nach Speiseresten suchend. Lämmer lagern ungerührt dicht aneinander unter den Bäumen. Das Auto samt Chauffeur, Bistra und der anderen Dame wartet schon. Sie sind schon seit vier Stunden hier, nach wie vor Kopfschütteln über mein Abenteuer. Sie wollen nicht verstehen, daß ich es heil überstanden habe, und wie nahe ich, auch ohne Worte, dem Volk war, seiner Gutmütigkeit, und wie zufrieden ich bin. In halbwilder Berglandschaft voll fremder Autotouristen das Rilakloster wie eine Festung.

Do. 17. Juli 1958 Rilakoster. Einquartiert im großen Staats-
 zimmer, dem Königinnenzimmer, erwache ich um Mitternacht

durch ein leichtes Erdbeben. Der ganze Pafond eine holzgeschnitzte Riesensonne. Luxuriöse Decken und Teppiche, eingebaute Schränke, vorgebaute Kasten, alles kostbar getäfelt, Ikone in Gold, sogar der hektische Kachelkamin wie ein Altar. Unnachlassend rauschen die Wasser durch die Nacht, am eiskalten Morgen krähen die Hähne darein.

Die Mönche, gemessen ganz in Schwarz, nur die Prachtzähne strahlen weiß, arbiter elegantiarum apage satanas schön und ein wenig unheimlich wie Opern-Don Juans. Das Kloster, erzählen sie, ist das größte Bulgariens, vier Stock hoch, fünf Kuppeln, zebragestreifte Arkaden. Es geht auf den Einsiedler St. Johann von Rila im 10. Jahrhundert zurück, ist im 14. Jahrhundert erbaut worden, war auch in der 500 Jahre währenden Türkenherrschaft rein bulgarisch geblieben, die Nationalseele pflegend. Es brannte 1833 bis auf den fünf Stock hohen Quaderzinnenturm des Sevastokraten Hreljo nieder und wurde hierauf vollkommen neu nach dem Vorbild des Griechenklosters Athos aufgebaut. In der heutigen »modernen« Form ist es eine Wirtschaftseinheit wie die meisten Klöster und nicht viel mehr als hundert Jahre alt.

Reinste Höhenluft Europas, die aus den unermeßlichen Hochwäldern haucht, einfachste Naturnahrung von der Hand in den Mund, wer wird da nicht verstehen, daß die Bulgaren des Rilagebirges zu den gesündesten und ältesten Menschen der Welt zählen?

Kloster Rila

Das Ende des feurigen Elias

»Ich bin so entzückend!« rief der Amerikaner aus, als er mit der Salzkammergutlokalbahn von Salzburg nach Ischl fuhr. Und wer war es nicht – entzückt, müßte man den Amerikaner verbessern – auf dieser populärsten Schmalspurbahn der Welt? Sie wurde auch in einem bekannten Schlager besungen. – »Ich bin so traurig!« sagte mir ein Einheimischer und ich fühlte mit ihm, als ich am Einstellungstag mit dem letzten Zug fuhr, am Montag nachmittag 30. September 1957.
Die vielen Schulkinder, die zum letztenmal mit ihrer Bahn aus den diversen Schulen heimfuhren – von nun an mußten sie den teureren Autobus frequentieren – besetzten die Fenster der Waggons und winkten dauernd, sie, die sonst in den kleinen Abteilen saßen und ihre Aufgaben memorierten. Und auch die Erwachsenen, so viele, daß sie auch die Plattformen überfüllten, winkten auf der ganzen Strecke des »feurigen Elias«, und längs der Strecke standen die Anrainer und winkten zurück, manche alten Leute mit Tränen in den Augen. Auch der Himmel vergoß Tränen, am Vormittag hatte es geregnet.
An vielen Stationen hingen Trauerfahnen, die größten in St. Gilgen. Eine Musikkapelle fuhr mit und Musikkapellen standen an den Stationen und spielten Trauermärsche. Es gehörte dazu, daß es für manche mehr »a Hetz« als Trauer war. Auch ein Trio junger Burschen im letzten Waggon schwenkte schwarze Fahnen. Die drei verließen in »St. Wolfgang Station« den Zug und erklärten, schon vom vielfach gespendeten Bier benebelt, den Anschlußdampfer über den See hinüber nach St. Wolfgang Markt zu versenken, damit »alles in einem Aufwaschen geht.«
Am Abend in Bad Ischl empfingen Fotografen, Filmer und Reporter den Zug. Lokomotivführer, Heizer und der beliebte Kondukteur mit dem Monokel, darum »Herr Baron« genannt, wur-

den interviewt. Ein paar Tage bis zum 10. Oktober fuhren noch Güterzüge, dann räumte man die Geleise so schnell und überstürzt weg, daß man in der Mittelstation St. Gilgen vier stehengebliebenen Personenwaggons vergaß. Sie mußten unter erheblichen Mehrkosten mit Tiefladewagen auf der Straße abtransportiert werden. Sie wurden samt einigen Lokomotiven teils an andere Schmalspurbahnen, welche die Einstellungsmanie überdauerten, teils als Reliquien an findige Wirte verschachert, die sie als Logen für ihre Gäste bis heute verwenden.
Die SKGLB, wie auf allen Fahrzeugen abkürzend für Salz-Kammer-Gut-Lokal-Bahn zu lesen stand, was der Volksmund als »Sie kommt ganz langsam und bedächtig« auslegte, fuhr infolge der Steigungen mit durchschnittlich nur 20 km Stundengeschwindgkeit. Kuriosum: In den Nachkriegsjahren, vom Krieg nicht beeinträchtigt, gehörte sie zu den schnellsten Bahnen Österreichs, weil auf den schwerbeschädigten Hauptbahnen auch die Schnellzüge kaum 20 km/st. fahren konnten. Auch der Autobus, der sie seitdem ersetzt und dessen Schnelligkeit man immer ins Treffen führt, kommt heute kaum schneller weiter. Auch er braucht für die 62 km rund 3 Stunden, ja er hat den Nachteil, daß man der Bahnroute folgend, zweimal umsteigen muß, während die Bahn direkt fuhr. An vielen Stationen waren riesige Holzlager, das Holz wurde von zwei Lastzügen täglich abtransportiert und wird heute ebenfalls der Straße aufgebürdet. Diese Straße führt längs des Mond- und Wolfgangsees als schmale, kurvenreiche Berg- und Talstraße und außerdem mitten durch viele enge Uferorte, während die Bahn an die Gebirgshänge und durch Tunnels ausweichen konnte. In der Hochsaison ist besagte Straße mit ihrem Durcheinander von PKW und LKW eine Verkehrshölle oder besser eine Landplage.
Die SKGLB war nicht eine Stich- oder Sackbahn abseitiger Gegend. Sie war mitten im Salzkammergut, der Lebensnerv vieler weltbekannter und besuchter Orte, die kürzeste und direkte Verbindung der Hauptstadt Salzburg und längs des Mondsees und Wolfgangsees mit dem Kurort Bad Ischl, dem Lieblingsaufenthalt des Kaisers. Von der Stadt Salzburg ist seither das Salzkammergut nur auf Bahnwegen mit ein- oder zweimaligem Um-

steigen zu erreichen. Die Fremdenverkehrs- und Festspielstadt Salzburg kommt ihren Besuchern auch sonst kaum entgegen, wenn sie im Hauptbahnhof eine Orientierungstafel samt Richtungspfeil mit – man muß es, sich die Augen reibend, zweimal lesen – »Fernwahlmünzer« anbringt. Selbst als gelernter Österreicher wird man einige Zeit überlegend verlieren, was das sein soll, und gar erst ein Fremder, der dringend ein Telefon sucht – denn »Fernwahlmünzer«, diese Mißgeburt teutscher Unhirne, die in Salzburg nicht aussterben, soll ein Telefon (mit Geldeinwurf) sein ... Auf der ganzen Welt heißt es allgemein verständlich Telefon, aber in Salzburg wird es offenbar für ein Wort des »welschen Erbfeinds« gehalten. Die Salzburger können auch noch mit anderen Ungereimtheiten aufwarten. Jeder biedere Eingeborne, den man auf dem Bahnhof um den Verkehr nach Freilassing fragt, wird antworten: Mit dem und dem Autobus. Nun, ich bin mit dem und dem Autobus gefahren und seither nie wieder. Ich war 42 Minuten unterwegs, auf Umwegen durch die ganze Stadt, die im Verkehr erstickt, samt zahllosen Haltestellen und Zollrevision an der Staatsgrenze und außerdem auch noch mit Umsteigen. Seither fahre ich, mit der Bahn in Salzburg angekommen, auch gleich vom deutschen Bahnsteig aus mit der Bahn ohne Haltestelle direkt aufs Bequemste in 7 Minuten nach Freilassing, und die vielen Züge fahren ausnahmslos alle in 7 Minuten. Doch diese ideale Schnellverbindung empfiehlt einem kein Salzburger ...

Die alte SKGLB beförderte vor der Einstellung 800 000 Personen im Jahr. In beiden Richtungen verkehrten zusammen 15 Züge pro Tag, was im Durchschnitt je Tag 2222 Reisende, je Zug 146 Reisende ausmachte. Zu den Fahrgästen gehörten Kaiser Franz Joseph, er verfügte über einen eigenen Salonwagen, Brahms, Johann Strauß und Billroth, und der hatte bei seiner Villa am Wolfgangsee sogar eine eigene Haltestelle namens Billroth. Auch der Frachtenverkehr war beträchtlich: 30 000 Tonnen im Jahr, hauptsächlich Holz und Lebensmittel und allein dem Lagerhaus Mondsee wurden jährlich 1000 Waggon Konsumgüter zugeführt.

Was rechtfertigte die Einstellung? Gewiß nicht das angebliche

Defizit, denn dann müßte man ja fast alle Bahnen einstellen. Der schwache Unterbau? Konnte man ihn nicht verstärken wie man es bei so vielen Bahnen tut? Die Dampftraktion? Konnte man sie nicht durch Elektrotraktion, wie man es bei der Mariazellerbahn getan hat, ersetzen? Nach dem Zweiten Weltkrieg war das Material für die Elektrifizierung schon bereitgestellt. Es wurde verschlampt. Bei der Eröffnung am 20. Juni 1893 – Teilstreckenbefahrung war vorausgegangen – waren 12 Lokomotiven, 7 Post- und Dienst-, 59 Personen- und 55 Güterwagen zur Verfügung gestanden; im Laufe der Zeit wurden es mehr. Kosten: 5 1/2 Millionen Gulden. Aber das Kapital konnte nicht in Österreich, sondern mußte in Bayern aufgetrieben werden, woher ein großer Touristenstrom zu erwarten war und auch eintraf. Die Bahn war schon Jahrzehnte vorher projektiert worden, sogar normalspurig, jedoch der Finanzkrach vom 9. Mai 1873, jenem »schwarzen Mittwoch«, der die Wiener Weltausstellung schädigte und tausende Existenzen vernichtete, verhinderte den Bahnbau. Erst die spätere Schmalspurversion des Ing. Wilhelm Michel konnte endlich verwirklicht werden.

Die SKGLB war die erste größere Bahnstrecke Österreichs, die abgetragen wurde; vorher in der Zwischenkriegszeit hatten nur ganz kurze Nebenstrecken, meist Sackbahnen, daran glauben müssen. Und in der Schweiz erhält man sogar eine Bahn, die nur vier Monate im Jahr verkehren kann, weil sie bis auf 2200 m Seehöhe die gefährlichste Lawinenstrecke der Welt ist: die Furkabahn.

Die SKGLB wäre heute die größte Fremdenverkehrsattraktion und ein gutes Geschäft*). Außer in der Schweiz weiß man das

---

*) Im Standardwerk Krobot/Slezak/Sternhart »Schmalspurig durch Österreich«, Wien, 1975, schreibt der Verleger Josef Otto Slezak selber: »Die Elektrifizierung einschließlich neuer Fahrzeuge hätte 44 Millionen Schilling erfordert. Die Liquidierung der SKGLB hat dagegen 80 Millionen gekostet, und der Bau der Ersatzstraße verschlingt hunderte Millionen! Aber selbst der Einsatz so enormer Mittel und moderner Baumaschinen hat in den 18 Jahren seit der Stillegung keine vollwertige Ersatzstraße schaffen können, wogegen die SKGLB – hauptsächlich in Handarbeit – in nur drei Jahren fertiggestellt war.«

besonders in England, wo man ähnliche Schmalspurdampfbahnen – nicht weniger als 1600 km lang! – belassen hat, und sie erfreuen sich regen Zuspruchs aus aller Welt. Doch wäre etwa ein spleeniger Dollarmillionär, der die SKGLB neu errichten wollte, nicht einmal zur Planung und Trassierung imstande, da viele ehemalige Bahngrundstücke und Stationsanlagen sofort von umfangreichen modernen Siedlungen überbaut wurden. Verdächtige Eile der Häuser-, Straßen- und Autospekulanten!

Postkutsche nach Gastein noch im 20. Jahrhundert

Daß Grillparzer mit der Postkutsche nach Gastein fahren mußte, wird nicht verwundern; daß man aber noch bis ins 20. Jahrhundert hinein keine andere Verbindung mit Gastein hatte als die Pferdekutsche, wird vielen unglaublich vorkommen. Noch leben alte Leute, die sich der beschwerlichen Kutschenfahrt – im Winter konnte man zu Eiszapfen erstarren – erinnern.
Im bekanntesten Hotel Bad Gasteins ist auf einer großen Marmortafel Grillparzers Gedicht von 1818 zu lesen, das mit den Versen beginnt:

> Die Trennungsstunde schlägt und ich muß scheiden,
> so leb denn wohl du freundliches Gastein!
> Du Trösterin so mancher bittrer Leiden,
> auch meine Leiden lulltest du mir ein.

Grillparzer war im ersten Drittel des 19. Jahrhunderts mehrmals in Bad Gastein gewesen, das damals, ja noch bis ins letzte Drittel des 19. Jahrhunderts, wie ein Baedeker von 1873 vermeldet, ärmlich, jedenfalls dörflerisch-alpin wirkte mit seinen »meist hölzernen Häusern des Wildbades«, obwohl es als Heilbad schon jahrhundertelang frequentiert wurde. Erst die Bahnverbindung – Entdeckung des Hochgebirges durch die Allgemeinheit – hat Bad Gastein allzu modernisiert, sowohl als Badekur-, als auch als Wintersportort.
Grillparzer fuhr die 100 Kilometer von Salzburg nach Bad Gastein – Kostenpunkt 10 Gulden – 1½ Tage lang, und er, der größte Dichter und größte Raunzer Österreichs, ein tragikomischer Reisender, wird wohl genug geraunzt haben. Heute fährt der Schnellzug die 99 km lange Strecke in knapp zwei Stunden.
 1876 – vier Jahre nach Grillparzers Tod – wurde die Westbahn

Salzburg-Innsbruck eröffnet, wodurch sich die Kutschenfahrt nach Gastein verkürzte. Man verließ in Lend den Zug und fuhr mit der Pferdepost oder einer mehr oder weniger komfortablen Mietskutsche weiter.

Die Bahnstation Lend hieß damals Lend-Gastein obwohl es bis nach Gastein noch 25 Kilometer Straßenfahrt war. Lend war als Umschlagplatz weltbekannt wie Gastein selbst. Es wimmelte von großen Einkehrgasthöfen und Riesenstallungen. Viele hunderte Pferde waren an der Straße einquartiert und zogen die Besucher, Lieferanten und Waren die kühne Gebirgsstraße hinauf. Bis zur Klammhöhe – heute Bahnhaltestelle Klammstein (796 m Seehöhe) – ging es mit Vorspann in zahlreichen Windungen steil bergan unter überhängenden Felsen beim Rauschen der Gasteiner Ache. Die Kutscher rasteten gern in den Wirtshäusern an der Straße, um sich ein Viertel Rotwein spendieren zu lassen; dann im langen verbreiterten Gasteiner Hochtal fuhr man kurze Strecken auch flott bergab, ehe man auf letzten Steigungen über Hofgastein endlich Bad Gastein (1083 m Seehöhe) erreichte. Die Straße war eine der belebtesten der Alpen, man lebte und ließ leben. Den ganzen Pferdepostverkehr leitete die tüchtigste Person von Lend, die Gastwirtin und Postmeisterin Anna Linsinger. Ebenso bekannt wie sie war Herr Straubinger, Bürgermeister von Bad Gastein. Nach ihm heißen Hotels heute noch. Er war es, der den Bau der Tauernbahn – Baubeginn 1901 – durchsetzte.

Die Idee war schon 1868 im Reichsrat ventiliert worden, wurde alsbald verschlampt, tauchte in den Achtzigerjahren wieder auf und zersplitterte sich in diverse Projekte, die nichts weniger als weitschauend waren. In den Neunzigerjahren standen in verbissenen Konkurrenzkämpfen zwanzigerlei Varianten der Bahnstrecke zur Diskussion, und zehn wurden auch schon im Gelände abgesteckt. Man verzettelte sich in Plänen zu Zahnrad- und Schmalspurbahnen mit Umsteigen usw. Das Kriegsministerium machte aus strategischen Gründen Schwierigkeiten. Den kleinlichen Verzögerungen im jahrzehntelangen Hin und Her vermochte Bürgermeister Straubinger ein Ende zu setzen. Er siegte mit seiner vorausschauenden Gasteiner Variante.

Die folgenden vier Baujahre trugen den Fuhrwerkern die höchsten Gewinne ein. Während des Bahnbaues karrten an die 200 sechs- bis zu sechzehnspännige Lastfuhren täglich durch die felsige Klamm aufwärts. 4000 Arbeiter, meist Fremdarbeiter, waren im Gasteinertal zusammengezogen. Notdürftig in Baracken hausend, brachten sie ungeheures Leben mit allen Vor- und Nachteilen. Raufhändel waren an der Tagesordnung. Es war wie ein wimmelnder Ameisenhaufen. In strengen Wintern mußte man im tiefen Schnee die Wagenräder durch Schlittenkufen ersetzen. Im ersten Baujahr gab es eine unvorhergesehene Sensation: 1901 kam der Belgierkönig Leopold II. nach Gastein im Auto, es war das erste Auto im Weltkurort. Zur Schadenfreude der Ewiggestrigen hatte es auf der stärksten Steigung (22%) Pferdevorspann erhalten müssen... Im Spätsommer 1903 zerstörte ein arges Hochwasser den Bau der Nordrampe und richtete große Verwüstungen an der halbfertigen Trasse an; bis zum Jänner 1904 mußten die Arbeiten eingestellt werden. Zahlreiche Schneelawinen schadeten weiterhin dem Bau; und später, als man an die Südrampe ging, verschüttete eine schwere Grundlawine bei Böckstein 26 Arbeiter, die alle den Tod fanden.
1905 war es dann so weit: die Tauernbahnnordrampe Schwarzach-St. Veit-Bad Gastein konnte eröffnet werden. Zugleich kam der Straßenverkehr schlagartig zum Erliegen. Am 20. September 1905 war der große Tag: der Kaiser kam mit dem Eröffnungszug. Einige Tage vorher erschien eine wichtige Person, der Hofzeremonialbeamte Nepalek. Herr Nepalek brachte das gewichtige Hoftafelsilber und richtete die Hoftafel im Bad Gasteiner Hotel Straubinger her. Er wartete im Bahnhof Gastein auf den kaiserlichen Einzug, angetan mit hohen Kürassierstiefeln, weißen Galahosen, Degen, buschigem Tschako und die Brust voller Medaillen; vorher hatte er vor allen Spiegeln seinen aufgespitzten Es-ist-erreicht-Schnurrbart glatt gezwirbelt. Um 9 Uhr fuhr der Hofzug in Schwarzach-St. Veit ab. Böllerschüsse, Militär, Veteranenmusik... Der Kaiser befand sich im letzten Waggon, um von der rückwärtigen Plattform aus die Strecke besser überschauen zu können. Er ließ mehrmals halten, um die schwierigsten Teile der Gebirgs- und Tunnelstrecke auch

zu Fuß zu inspizieren, ungeachtet des einsetzenden leichten Regens. Um 10 Uhr 25 langte der mit zwei Lokomotiven bespannte, reisig- und tannengeschmückte Zug unter ungeheurer Dampfentwicklung, die ihrerseits majestätisch wirkte, in Bad Gastein ein. Die Honoratioren waren vollzählig zum Empfang versammelt. Das Töchterchen Maria des Bürgermeisters Straubinger deklamierte ein Festgedicht von sieben Strophen, eigens verfaßt von der Baronin Schneider-Arno. Die zweite Strophe sei uns nicht vorenthalten:

Unser Kaiser in Gastein!
Als der erste mit der Bahn,
die des Priesters Segen hat
auf der Schwelle schon empfah'n...

Es stand jenen berühmt-berüchtigten Versen der als Kuriosum in die Literaturgeschichte eingegangenen Friederike Kempner kaum nach, die gedichtet hatte: »Hei wie das funkelt, wie das blitzt, wenn Roß und Reiter zu Pferde sitzt!« (Ein Verwandter gleichen Namens dieser Kempner wurde führender deutscher Kritiker, allerdings unter wohlweislich geändertem Namen: (Alfred Kerr...)

Der Kaiser wurde vom Bahnhof in der letzten Postkutsche abgeholt, die als ältester und letzter Postillon Herr Rupert Mühlbacher führte, uniformiert mit großkrempigem Quastenhut, doppelreihigem Sakko, hohen Stulpenstiefeln und dicker silberner Uhrkette. Zum letztenmal ließ er die Riesenpeitsche knallen, zum letztenmal schmetterte er ins Posthorn. Jubel war mit heimlicher Trauer gemischt, Festesfreude mit Wehmut.

An der Tafel saßen zu Seiten des Kaisers Fürsterzbischof Kardinal Dr. Katschthaler und Ministerpräsident Baron Gautsch, die nebst vielen andern Würdenträgern ebenfalls mit dem Hofzug von Wien gekommen waren. Die französische Speisekarte zählte zehn Gänge und viele exquisite Getränke auf, Bier, Sherry, zweierlei Sekt, viererlei Weine. Alle genossen davon reichlich, allein der Kaiser begnügte sich mit einem Stück zarten Rindfleischs und einem Glas bayrischen Biers. Es wurden Reden geschwungen: »Zweite Eisenbahnverbindung mit Triest an der blauen Adria ...« In den Zeitungsberichten hieß es: »Der Kaiser geruhte huldvollst zu erwidern ...« Draußen jubelte zu Zehntausenden das herbeigeströme Volk, viele hatten in Heustadeln übernachtet.

Um 12 Uhr 30 trat der Kaiser die Bahnrückfahrt nach Wien an. Wieder bewunderte er die Angertalbrücke von 110 m Spannweite zwischen Bad- und Hofgastein. In den folgenden Jahren 1906 bis 1909 wurde nach Durchschlagung des Tauerntunnels (8,5 km lang, Seehöhe 1226 m) die Südrampe hinunter nach Spittal an der Drau, heutiger Stationsname Spittal-Millstättersee, als eine noch kühnere Gebirgsbahn angelegt und am 5. Juli 1909 wieder unter Anwesenheit des Kaisers eröffnet. Sie gehört zu den großartigsten und schwierigsten Bahnstrecken, die je hergestellt wurden. Bei diesem hochalpinen Steilhangterrain ist es nicht verwunderlich, daß man sie eingeleisig ausbaute, nur den Tauerntunnel machte man zweigeleisig; sie wird aber in letzter Zeit in Teilabschnitten auf zwei Geleise verbreitert. Auch neue Brücken mußten errichtet werden. Die Übersetzung des Stampfbachgrabens ist die größte Eisenbahnbogenbrücke Europas: Gesamtlänge 368 m, größte Bogenweite 200 m, größte Höhe über der Talsohle 110 m, nur wenig niedriger als der Stefansdom. Gegenwärtig passieren zu Spitzenzeiten die Strecke (500 m Höhenunterschied) bis zu 130 Züge innerhalb von 24 Stunden.

Drei Meilen hinter ...

Drei Meilen hinter Weihnachten liegt das Gelobte Land, wo Milch und Honig fließt; für mich lag es drei Meilen hinter Schwechat. Dort gibt es gewiß viel weniger Milch und Honig, sicher aber letzte Paradiese: die Donaudschungel von Mannswörth und Fischamend, die Maiglöckchenhaine des Königsbergs, den verlorenen Arbesthalerwald (den unbekanntesten unweit von Wien), die Hainburger Felshorste und vor der ungarischen Grenze das Leithagebirge, jene eurasische Tafellandschaft voll einsamer Gräben, wo sich selbst die Einheimischen verirren. Dort fand ich »die Quellen, an denen das Gesindel nicht mehr mittrinkt« (Nietzsche).

Diese Naturgebiete hatte ich dank der Lokalbahn Schwechat – Mannersdorf entdeckt, und diese wieder dank Landkarte und Kursbuch. Das Kursbuch war schon mein Lieblingsbuch, als ich noch zur Schule ging. Mit ihm konnte nur der Graf von Monte Christo und Stevensons Schatzinsel konkurrieren. Die Bahn brauchte auf ihrer 30 Kilometer langen Strecke so lang wie heute die Westbahn auf der 300 Kilometer langen von Wien nach Salzburg. Sie war nicht vielleicht schmalspurig, sondern normalspurig, ihre Gemischten Züge, mit denen die kleinen Dampflokomotiven in jeder Station ausgiebig verschoben, hatten in Schwechat direkten Übergang auf die Wiener Verbindungsbahn. Sie brachten Steine von den großen Kalksteinbrüchen des Leithagebirges. Zur Klein-Neusiedler Papierfabrik wurde Kohle geführt, daher der Umweg über Fischamend, zuerst östlich der Donau folgend, dann rechtwinklig nach Süden zum Leithagebirge abbiegend.

Die Bahn konnte sich das Zeitlassen leisten, kein eiliger Wiener kam je in diese Gegend, höchstens nach Schwechat, und das allein wegen der »Kohlstaude«, dem beliebten Biergarten der Dreherbrauerei. Heute, da man das weltbekannte Bier überall erhält, reicht es dem Wiener nicht einmal so weit, für ihn endet die Welt beim Zentralfriedhof, und auch dorthin kommt er nur einmal im Jahr zu Allerheiligen. Ischl und Salzburg sind ihm näher als Schwechat und sein Hinterland.

Dieses Lokalbahnparadies war das erste Opfer des Einstellungswahns. Der Anfang vom Ende war der Bau der elektrisch betriebenen Preßburgerbahn. Am 5. Februar 1914 eröffnet, benützte sie das erste Drittel der Lokalbahn (Schwechat-Fischamend 11 km bis zum Streckenknick nach Süden) im Péageverkehr und schon am ersten Tag gab es einen Unfall, dem viele weitere folgten. Die Preßburger Bahn wurde die unfallanfälligste Österreichs. Das geht weniger auf eisenbahntechnische Mängel zurück, vielmehr auf das Überhandnehmen des Autoverkehrs. Es wird immer ärger, seitdem die Raffinerie Schwechat der ÖMV (Österreichische Mineralöl Verwaltung) einen Industrieparoxysmus aus dem fruchtbarsten Boden schönster, unabsehbar großer Ährenfelder schießen ließ. Es entstand ein unabsehbar großes technisches Inferno, ein Schulbeispiel der Naturvernichtung. Und nicht genug an dem. Ein Übriges besorgt der Fischamender Flughafen, der den Zubringerverkehr auf der Straße weiter verdichtet. Es kommt immer wieder zu Zusammenstößen, vielen Toten und ungleich mehr Schwerverletzten[1]).

Auch die Naturgewalten machten der Preßburger Bahn (die noch immer so heißt, obwohl sie, seit langem ein Torso, vor Preßburg endet, zwar im Angesicht, doch einer unerreichbaren slowakischen Hauptstadt) das Leben schwer. Auf der freien Überlandstrecke zerstörten die häufig vom Neusiedlersee her wehenden Stürme samt den massiven Schneeverwehungen die Fahrdrähte der Oberleitung, warfen die Masten um und auf die Strecke. All das war der kleinen Dampfbahn, die langsam, aber sicher fuhr, erspart geblieben. Man hat auch die majestätischen Pappelalleen, welche die im allgemeinen schnurgerade Strecke viele Kilometer lang begleiteten und verschönten, zum Großteil ge-

---

[1]) Siehe auch: Alfred Horn »Die Preßburger Bahn«, Bohmann Verlag, Wien, 1974.

fällt und so die weite Landschaft verödet. Das Paradies drei Meilen hinter ... ist arg dezimiert.
Die alte Lokalbahn besteht nur noch in kümmerlichen Teilen, ist dem Personenverkehr längst entzogen und dient allein spärlichen Lastzügen. Heute rasen Autos. Statt Zeit nimmt man sich das Leben[2]).

---

[2]) In der angesehenen Hamburger Wochenzeitung »Die Zeit« schrieb unlängst Jürgen Dahl in einem großen aufsehenerregenden, vielfach nachgedruckten Artikel u. a.: »Ein langsamer, aber nicht mehr aufzuhaltender Zusammenbruch eines Transportsystems ... Einem stetig wachsenden Verkehr ist mit einem noch dichteren Straßennetz nicht beizukommen, vielmehr ermuntert dieses nur zu einer weiteren Steigerung der Motorisierung ... Alle drei Stunden stirbt ein Kind den Verkehrstod. Jeder zweite seit 1970 geborene Mensch wird nicht im Bett sterben, sondern auf der Straße ...«
Soweit das Zitat. Doch so arg wirds nicht werden. Bis dorthin wird der Straßenverkehr, an sich selbst erstickend, zum Erliegen kommen.

Valtinchen und Amichen

Und in Rheinhessen das Valtinchen und Amichen! So nannte der Volksmund zwei verschwundene normalspurige Lokalbahnen. Während Valtinchen zwei Deutungen hat, entweder auf den Namen Valentin Belzer eines Heizers zurückgehend, der nie Lokomotivführer werden konnte, obwohl er es so gern wollte, und im Alter, längst pensioniert, stundenlang auf einem Kilometerstein im Bahnhofsgelände von Guntersblum zu hocken pflegte und von seinen Großtaten als Lokführer bramarbasierte – oder auf den Gemüsemann mit demselben Vornamen Valentin. Dieser brachte vor der Bahneröffnung auf seinem hundegezogenen Karren Lebensmittel, welche dann der Bahn überantwortet wurden. Dagegen ist die Herkunft von Amichen unbestritten: Amalie hieß die ländliche Milchfrau, welche jeden Morgen auf einem gleichen primitiven Handkarren die Milch brachte: ihr Name wurde dann auf die Bahn, die neue Milchlieferantin, übertragen.

Mit diesem Amichen bin ich noch gefahren, es wurde bald darauf eingestellt und abgetragen. Die kleinen Stationen suhlten sich im violetten Schatten großer Bienenstöcke. Das Bienengesumm hatte die Bahnhofsuhr erstickt, unbeweglich hing der Pendel, und den Stationshund eingeschläfert, quer lag er über dem Geleise, und lautlos knisterte eine Feuersbrunst von Mohnblumen. Ich legte mich zum Nachmittagsschläfchen dazu. Erwacht vom ankommenden Zug, fuhr ich mit ihm als einziger Passagier ab und gleich wieder zurück, als wollte er sich um meinetwillen die Mühe sparen. Aber er holte nur einen vergessenen Waggon voll Heu. Überladen, war er größer als das Stationsgebäude und die Heufracht streifte es. Auf der Strecke streiften wir auch die Kirschbäume. Die meisten Stationen waren menschenleer, nur ein paar Hühner schauten uns zu, einmal war's auch eine Katze.

Der Schaffner versorgte mich erstaunt und neugierig mit einer Fahrkarte, indem er ein paarmal »Ai« sagte. Er war martialisch, ein vollbärtiger Gott in Himmelblau mit blutroter Schärpe, und lächelte nachsichtig auf mich herab.

Am Gardasee (auch mit Goethe)

Und in Südtirol die schmalspurige Gebirgsbahn (zum Gardasee). Die Gardaseebahn hatte, vom Spargelparadies Mori im Etschtal ausgehend, den ihr in die Quere kommenden Monte Baldo zu überwinden, laut Goethe »ein ungeheurer Felsriegel«. Hinauf zog sie enge Schleifen, umrundete in Steintrümmerschaften einen kleinen See und eilte jenseits der Paßhöhe in langen Geraden schräg hinab, zu Seiten einer schönen Alleestraße. Herrliche Ausblicke boten sich auf dem Fjordeinschnitt des tiefblauen Sees. Eine subtropische Landschaft voller Olivenwälder und hoher Lorbeerhaine. Lange Personenzüge brachten in Waggons I. Classe vornehme Reisende in den fashionablen Winterkurort Arco im breiten Sarcatal oder bis zur Endstation Riva. Manche Züge fuhren bis auf die Mole hinaus direkt zu den wartenden Raddampfern, auch Kohle brachten sie ihnen ständig. Wenn in Mori die Eiszapfen hängen, pflegten die Einheimischen zu sagen, dann könne man am See den Rock ausziehen. Aber trotz gutem Wetter gibt es von Süden her den Lokalwind Ora, der weiterhin durch die Salurner Klause bis zum Kalterer See hinaufweht, und von Norden einen richtigen Sturm, welcher den Gardasee gleich dem Meer aufbrausen läßt und Schiffsreisende mit Seekrankheit heimsucht. Schon Virgil schilderte: »Fluctibus et fremitu resonanz Benace marino.«

Lacus Benacus nannten die Römer den Gardasee, den größten italienischen See. Goethe, auf den Spuren der Römer, wollte ihn auf seiner italienischen Reise nicht auslassen, auch wenn er einen Umweg machen mußte. Er hatte auf der Seefahrt mit widrigen Winden zu kämpfen. Man mußte in Malcesine zwischenlanden, und dort passierte ihm, weil er die Festungsruine abzeichnete, »ein gefährliches Abenteuer«, so schreibt er, »welches ich mit gutem Humor überstand und in der Erinnerung lustig finde.«

Als Spion verdächtigt, wurde er so etwas wie verhaftet, im Freien, von einer Volksmenge umgeben, verhört und auf die Fürsprache eines Signor Gregorio, der Frankfurt kannte, rehabilitiert.

Ähnliches, wenn auch nicht ganz so glimpflich ablaufend, passierte mir Jahre später in einer österreichischen Kleinstadt, weil ich, meiner Passion folgend, die Geleiseanlagen abzeichnete. Ich konnte Goethe verstehen, der aus dem Risiko, mit dem jeder Reisende rechnen muß, in seinem bedächtigen Stil, bedächtig wie die Pferdekutsche, der er sich bediente, schloß: »Welch ein wunderliches Wesen der Mensch ist, daß er dasjenige, was er mit Sicherheit und Bequemlichkeit in guter Gesellschaft genießen könnte, sich oft unbequem und gefährlich macht, bloß aus der Grille, die Welt und ihren Inhalt sich auf seine besondere Weise anzueignen.«

Am Niagarafall

Schon als ich von Ungarn her in Batina, der ersten jugoslawischen Donaustation, ankam und an Land ging, fiel mir zweierlei auf: das große Fährschiff, von Ufer zu Ufer wechselnd, zum Bersten oder eigentlich zum Sinken voll überdrängt von Menschen und Autos aller Art – und mitschiffs der in Riesenlettern demonstrierte Name des Fährschiffs: NIAGARA.
Im morgendlichen Schmelz eines warmen Gelblichts liegt die lange Zeile der dörfischen Uferhäuser da, still, mit kleinen Rauchsäulen, ein Giebel am andern, und davor wartet eine lange Reihe von Schiffen auf die Grenzabfertigung. Rasch finde ich Quartier in einem dieser ebenerdigen Häuser. Obwohl dem allgemeinen Stil angepaßt, ist es außen und innen neu hergerichtet, in der Vorhalle Ping-Pong, im Innern appetitlich eingerichtete Zimmer mit Bad usw. Mein Hausherr ist Oberlehrer Piry oder Pierry, ein Deutscher (mit französischer Abstammung). Er erzählt mir, daß er früher Deutsch unterrichtete, jetzt ungarisch und kroatisch. Als ich ihn frage, warum das Fährschiff Niagara heiße und hinzufügend vermute, es sei wohl einem heimgekehrten Amerikaauswanderer, vielleicht Besitzer der Fähre, zu verdanken, dem der Niagarafall imponiert habe, entgegnet er lächelnd: »Nein, unsere Leute sind nicht weiter als bis nach Stockerau gekommen, ja, bei Wien, als Fremdarbeiter, und den Niagarafall, den gibt es bei uns auch –.«
Unterbrochen von seiner eintretenden Frau, die ihn zum Telefon ins Nebenzimmer ruft, hat er ein längliches Gespräch zu absolvieren, und so ergibt es sich, daß ich sie, eine Grazerin, in ihr Geschäft begleite. Es ist ein moderner Selbstbedienungsladen, sie hat ihn aufzusperren und die Registrierkasse zu betreuen. Nachher schaue ich, im Vorgärtchen einer Kaffeeschenke am Landungsplatz Café turco schlürfend (von dem selbst die winzigste

Tasse separat, eine kulinarische Kulthandlung, zubereitet wird), dem unnachlassenden Betrieb des Fährschiffes zu.
Es ist Niederwasser, die primitiven, von Strauchwerk überwucherten Ufer sind hoch und all die Autos, auch ungetüme Fernlaster, dazwischen Pferdefuhrwerke, müssen das Ufer steil hinunter, tiefe Spuren in den Sand kerbend, und auf dem andern Ufer steil hinauf, vorsichtig über die wie Klaviertasten klickernden Bretterunterlagen holpernd. Am andern Ufer ist außer einer wartenden Autoschlange »nichts«, d. h. nichts als einsamer Auwald und Donaudschungel voller Altwasser. Während einer kurzen Verschnaufpause setzt sich der alte oder vielleicht nur alt aussehende Matrose, welcher auf der Fähre das Seil zu werfen und am Haftpflock zu sichern hat, an meinen Tisch. Während er in Abständen Slibowitz kippt, läßt er das Fährschiff, offenbar sein ein und alles, nicht aus den Augen.
Was sind das für trübe Augen, sie haben, zeitweise scheu zu mir aufblickend, bald etwas Demütiges, bald etwas Listiges, so weit man es unter dem Schild seiner operettenhaften Kapitänskappe ausnehmen kann. Sie ist das einzig Repräsentative an ihm, sonst steckt der dürre Mann in einer unscheinbaren, einst wohl schönen Uniform, ausgelaugt wie er selber. Ein wilder roter Stachelbart umhüllte sein Gesicht, das meist ein schwaches zerquältes Insichhineinlächeln zeigt. An der Unterlippe klebt eine Zigarette und er läßt sie kleben, als er auf meine Frage, wo hier der Niagarafall wäre, etwas Unverständliches murmelt und dabei stromaufwärts zeigt. Ein Signal ruft ihn an Bord, im Abgehen winkt er mir mit seiner großen griffigen Hand zu, und die Adern treten wulstig vor, als wären es selbst Seile.
Später, als ich meinen Hausherrn treffe und ihn frage, wie weit es zum Niagarafall ist, ich wolle die unverhoffte Sehenswürdigkeit aufsuchen, man habe mir schon die Richtung gewiesen, rät er lachend ab:
»Lieber nicht! Ein Volkswitzwort. Das ist mehr berühmt als er selber. Ein Hereinfall. In den Überfallwässern der regulierten Altarme ist er kaum größer als eine Handspanne. Nicht einmal eine Fliege könnte darin ertrinken, sie müßte denn sehr ungeschickt sein, auch ein Hereinfall! Haha! Spazieren Sie lieber

stromab auf die sogenannte Insel, dort finden Sie ein gutes Fischrestaurant mitten in der Natur. Sie sind ja nicht des Niagarafalls wegen gekommen, sondern – ja, warum sind Sie nach Batina gekommen?«

»Wegen der Eisenbahn, wegen der hiesigen Endstation der Lokalbahn, mit der will ich nach Esseg-Osijek hinein meine Slavonienreise beginnen.«

»Sie werden mit dem Autobus fahren müssen. Wir haben die modernsten Autocars, bequem, ja luxuriös, sogar mit Television hoch über dem Fahrersitz, allen Passagieren die Zeit vertreibend. Die Eisenbahn ist eingestellt, abgetragen.«

»Ich habe sie doch voriges Jahr noch vom Schiff aus im Vorbeifahren gesehen, dort unten hinter den Aubäumen hat sie rangiert!«

»Stimmt, aber zu Peter und Paul 1968 ist der letzte Zug gefahren.«

»Auch hier?« Im weiteren Gespräch kann ich es nicht verstehen, daß man in dieser Grenzstation gegen Ungarn, auf diesem Umschlagplatz, noch dazu die überfrequentierte Fähre – daß man auf die Eisenbahn verzichtet hat, um die Straße noch mehr zu überfallen. Ich hätte recht, stimmt mir Herr Piry zu, die Fähre habe Tag und Nacht den immer größer werdenden Verkehr zu bewältigen. Batina würde dringend eine Brücke brauchen.

Gegen Abend, dem Inselrestaurant zustrebend, werde ich an der aufgelassenen Bahnstation vorbeikommen. Zuerst die lange Uferzeile mit den vielen der Abfertigung harrenden Schiffen, dazwischen ein ausrangierter Raddampfer, eine Unmenge Fischerboote, rostige Anker im Distelgestrüpp. Untätig wartende Matrosen, schreiende Kinder, Frauen hängen Wäsche auf, alles raucht Zigaretten. An hohen Pfählen riesige Fischnetze zum Trocknen gespannt, nicht mehr aus bleichem Hanfseil, sondern aus tiefschwarzem Nylon geknüpft, scharfer Fisch- und Tanggeruch, und wenn die haushohen Nylonnetze in der Sonne aufgleißen, gibt es ein satanisch schwarzes Blenden wie von einem Vorhang aus einer andern Welt.

Direkt am Uferabfall beginnt oder vielmehr endet noch ein einziges Geleise mit einem überflüssig gewordenen Wasserkran.

Es leitet mich, nach den letzten Häusern leicht landeinwärts biegend, zur ehemaligen Endstation. Von ihr kann man die Gleisanlagen nur noch spurenweise rekonstruieren.
Eine Walstatt: Stationsgebäude, Magazin, Heizhaus, Rest einer Drehscheibe, alles verfallen, verwuchert, alle Fenster eingeschlagen, Holz und Eisenteile wie nach einer Explosion wirr durcheinander auf der Erde, Glassplitter. Offenbar hat sich die Jugend damit vergnügt, aus dem Abtragungs- ein mutwilliges Zerstörungswerk zu machen. Noch hausen hinter armseligen Küchengärten, darin man mehr Ratten als Gemüse vermutet, ein paar Eisenbahnerfamilien in schreberähnlichen Hütten. Die rüstige Witwe eines Lokomotivführers, eine Schwaba, erzählt mir freundlich, daß es bis zuletzt lange Personenzüge mit I. und II. Classe gegeben habe, immer voll besetzt, 27 Kilometer zur Hauptlinie nach Beli Manastir-Osijek, auch lange Lastzüge, ein Lastzug kam immer um ein Uhr nachts.
Es hat nie ein Eisenbahnunglück gegeben, man hat erst hinterher dieses Eisenbahn-Unglück inszeniert, und all das inmitten einer dichten Aunatur voll Akazienduft, welche die Trostlosigkeit des Ruinenhaften erst recht hervorkehrt. Wie gern hätte ich mit dieser Bahn ins fruchtbare Land hineinfahren wollen, wo in binsengedeckten Häusern, umgeben von Heuschobern, Sonnenblumen, Kürbissen und zum Trocknen aufgehängte Maiskolben noch patriarchalische Lebensformen herrschen mögen. Das sind die Dörfer, die verlorenen, in der slawonischen Ebene zwischen Donau, Drau und Save, wo die Überfruchtbarkeit des Schwemmlandes mit katastrophalen Überschwemmungen bezahlt werden muß, welche der Morgenlandstrom des Abendlandes, ein guter Diener, aber ein böser Herr, nicht selten schickt. Wenn die Straßen in unabsehbaren Hochwässern unpassierbar versanken, mit der Eisenbahn konnte man immer fahren.

Auf Jagd nach Verschollenen

Ich hatte einen Radiovortrag über kleine Eisenbahnen gehalten. Die Resonanz war erfreulich. An das Radio kamen Briefe und telefonische Anfragen, ob man den Vortrag auch irgendwo gedruckt lesen könne. Andere wollten meine Adresse wissen, um sich mit mir in Verbindung setzen zu können. Wieder andere suchten mich im Lehmann oder Telefonbuch und schrieben mir Briefe oder riefen mich an. Und ein junger Mann machte es direkt: er stand eines Abends vor meiner Tür.

Das Überraschende war, daß es sich um einen Studenten der Technik handelte, von dem man eigentlich erwarten würde, daß er sich für die großen Bahnen und deren Zukunft interessiere. Er bekannte mir, daß es für ihn keine schönere Freizeit gebe, als sich aufs Fahrrad zu setzen, den Fotoapparat umgehängt, und die Spur einer nicht mehr existierenden Bahn zu verfolgen: In Wiens Nähe die Linie Liesing-Kaltenleutgeben, von Mödling einerseits in die Hinterbrühl, anderseits nach Laxenburg, von Baden nach Vöslau usw. Das sei sein eigentliches Steckenpferd. Und was gar den Lok-Friedhof von Blumenau-Neurißhof betreffe ...

Ich fiel ihm ins Wort, eine Spur andeutend, die er gewiß nicht kenne. Sie ist von einer Bahn hinterlassen, die nicht einmal zur Zeit ihres Bestehens im Kursbuch und in der dazugehörigen Streckenkarte aufgeschienen war. Sie wurde geheimgehalten. Es war die kurz vor dem Ersten Weltkrieg erbaute Militärübungsbahn ohne öffentlichen Verkehr, 15 Kilometer lang, die hinter Korneuburg in einem großen Bogen Schloß Kreuzenstein umkreiste. Ausgangs- und zugleich Endpunkt war dort, wo heute die moderne Dabschkaserne in den freien Feldern steht. Ich erzählte ihm von meinem Tagesausflug auf Spurensuche nach dieser Verschollenen. Es war nicht leicht gewesen, Spuren zu finden. Erst vor Unterrohrbach, schon hinter Kreuzenstein, fällt rechts

Eisenbahntruppe
Kreuzenstein
Feldbahn
Brückenfundament
zwischen Unter- und
Oberrohrbach

längs der mit Zwetschkenbäumen besetzten Straße eine etwa einen Kilometer lange und drei Meter breite vollkommen eben sich hinziehende Spur auf, eine Art verfallener, von Gras und teilweise von Sträuchern überwucherter Promenadenweg: unverkennbar meine erste Entdeckung.

Alte Bauern, die mit Heufuhren vorbeizogen, bestätigten es mir und erzählten: »So von 1912 bis 1918 muß es gewesen sein, da ist die Bahn jeden Tag gefahren. Sie ist von den Soldaten des Korneuburger Eisenbahn- und Telegrafenregiments selbst gebaut worden, sie haben fleißig geübt, um dann draußen auf dem Kriegsschauplatz alles schnell und richtig nachmachen zu können. Sie haben zwei oder drei kleine Lokomotiven gehabt und eine Menge flacher Plattenwagen. Aber am Sonntag, da sind sie nicht gefahren, da haben sie die Wagen einfach auf offener Strecke stehen lassen, und da haben wir Buben damit Eisenbahn gespielt. Wir haben angetaucht, und wenns bergab gegangen ist, sind wir in einem Saus die Strecke hinunter, die Fetzen sind nur so geflogen ... Am Montag dann, wenn die Soldaten wieder mit den Lokomotiven gekommen sind, haben sie sich die Wagen erst zusammensuchen müssen, dort im Wald, und da haben sie geflucht ... Aber wir habens nächsten Sonntag wieder so gemacht ...«

Die Bahn sei von dem Punkt an, wo heute die hypermoderne Kirche frei steht, um Unterrohrbach außen herumgegangen, und dort am anderen Dorfende hinter der Kellergasse werde ich schon was Unübersehbares finden ... sagten sie beim Abschied. Unübersehbar war schon vorher für mich der vielbesuchte Asperlkeller mit der Inschrift: »Wer nicht liebt Wein, Weib und Gesang«, und so weiter, wo ich Wein ohne Weib und Gesang genoß. Gestärkt weitersuchend, sah ich im tiefen Wiesengrund des Rohrbaches die Hauptentdeckung mir entgegenschauen: zwei mächtige steinerne Brückenfundamente. Das eine Fundament schließt einen hohen Damm ab, den ehemaligen Bahndamm, das andere, etwa 30 Meter entfernt, liegt unter einem Hügelwald, darin die alte Trasse, wieder erkennbar, stark ansteigend ins Dunkel des Dickichts hineinführt. Dort traf ich auf ein bäuerliches Paar, ruhend, den tönernen Mostkrug zur Seite, und ich

erfuhr, daß hier zwischen den Fundamenten eine lange Eisenbahnbrücke gewesen sei, die noch nach dem Ersten Weltkrieg bestanden habe. Sogar noch im Zweiten Weltkrieg habe man Teile der Bahn reaktiviert.
Über Stock und Stein weiterkletternd, fand ich noch zwei Brükkenfundamente, kleinere, von Hollerstauden bestanden; die seinerzeit übersetzende Brücke muß etwa fünf Meter lang gewesen sein. Links unweit in schöner Sicht Oberrohrbach, langgestreckt zu Füßen des bewaldeten Doblerberges, und vor mir Kreutzenstein, das ich umrundet habe, von hinten. Hierauf, einen sumpfigen Grund umgehend, dem auch die Bahn ausweichen mußte, erreiche ich die nach Leobendorf und Korneuburg zurückführende Paßstraße. Hier führte das letzte Stück der Bahn am Eing'machten Herrgott vorbei, nun ohne jede erkennbare Spur, und alsbald hundert Meter tief sich senkend in Serpentinen durch dichten Wald und endlich durch Weingärten nach Leobendorf bis vor Korneuburg zurück. Damit war der Kreis geschlossen.
»Ein Ausflug, den wohl noch niemand gemacht hat«, beendete ich meinen Bericht, und der Student, von mir unterbrochen, beschwor mich geradezu, wenn ich schon solch abseitige Wege liebe, den Lokfriedhof von Blumau-Neurißhof im Steinfeld aufzusuchen. Dort seien die größten Dampflokomotiven abgestellt und harren der Verschrottung.

So fuhr ich denn ein paar Tage später mit dem Bummelzug der Südbahn nach Felixdorf im Steinfeld, um die Stichbahnstrecke nach Blumau-Neurißhof zu verfolgen: Personenverkehr eingestellt, nur fallweise Güterzüge. Unter dem weiten Himmel eine Versammlung erschreckend hochragender Riesenschranken wie eine stumme Drohung, herabzusausen, und verfallene Semaphore, immer auf Frei zeigend.
Keine Landschaft, das ist eine Steinschaft, dieses Steinfeld, es macht seinem Namen Ehre. Ein Steintrümmerfeld nicht nur von Natur aus, welche schon seit der Eiszeit das von den Bergen herabgeschwemmte Geröll ablagerte, sondern auch von Menschenhand. Die Menschen hatten ein übriges geleistet, es erst

recht in eine Wüste zu verwandeln. In der Monarchie hatte man hier die größten Munitionsfabriken errichtet. Von Wöllersdorf über Sollenau bis gegen Ebenfurth hin eine einzige Industrie, die der Vernichtung diente. In der Mitte waren Groß-Mittel und die Böhlerwerke Blumau. Die wurden dann selbst vernichtet. Wiederholte Explosionen, viele hunderte Tote fordernd, zwei Weltkriege und erbarmungslose Luftbombardements taten das ihre, um ein unabsehbares Ruinenfeld zu schaffen.

In der schier endlosen Öde verliert sich die schnurgerade Strecke gegen den Horizont. Kein Mensch weit und breit, kein Lebewesen. In den kargen Feldern, die von Steinen übersät sind, die geschwärzten Ruinen, Stümpfe, amputiert vom Krieg, von der Zeit, von der Verlassenheit. Allein vorhanden sind ein steinernes Wartehäuschen, beinern gebleicht, eine magere Ziege, behütet von einer Greisin, und sie heben die Einsamkeit erst recht hervor.

Immer wieder stieß ich auf Tafeln: SPERRZONE! TODESGEFAHR! ABWEICHEN VOM WEGE BEI STRAFE VERBOTEN! Überall lauert der Tod in Form verlagerter Munition, nicht explodierter Bomben; und wie viele der »Bleipecker«, jene Ärmsten der Armen, die Sprengkörper aufsuchten, um sie zu veräußern und einen elenden Verdienst zu finden, sind hier schon in Stücke gerissen worden.

Zwei Stunden dauerte mein Marsch an der Bahnstrecke. Zuletzt durchquert die Strecke ein kümmerliches Wäldchen, am Rand eine Kirche samt Friedhof, und auch davor die Warnungstafel: SPERRZONE! TODESGEFAHR! ABWEICHEN VOM WEGE BEI STRAFE VERBOTEN! Nach einem Schwung über ein Brücklein endet die Strecke in Blumau-Neurißhof vor einem brettervernagelten Stationsgebäude. Den ehemaligen Bahnsteig verlegen Holzstapel. Daneben das »Gasthaus zum Bahnhof Rosa Chitra«.

Die Arbeiter, die darin bei rotem Landwein debattierten, wurden nicht müde, den Namen Hebenstreit hören zu lassen: der Name der Großfirma, die Herr über den Tod der Lokomotiven war. Und da standen sie schon nach ihrer letzten Fahrt, da standen in langer Reihe die großen Schnellzugslokomotiven der

Serie 956, so viel an ihren verrosteten Körpern noch zu entziffern war. Die gewaltigen Schwungräder standen still, Unkraut überwucherte sie. Daneben ein Durcheinander anderer, bereits zerlegter Loks, herabgefallene Rauchfänge, und Kessel, Herz, Lunge und Eingeweide jener Dampfrösser, wie man sie einst nannte.
Dieser sonderbare Ausflug war vor zwanzig Jahren.

Heute stehen die der Vernichtung ausgelieferten Lokomotiven, nur noch Loks, in anderen, freundlicheren Gefilden. Sie sind zwar auch absolut flach, aber fruchtbar, längs der Nordbahnhauptstrecke mitten im Marchfeld. Es ist der mehr als zwei Kilometer lange Rangierbahnhof Straßhof, der längste Österreichs. Und mindestens mehr als doppelt so lang, weil auf Parallelgeleisen abgestellt, sind die Reihen der Ruinenloks und noch viel länger die der Ruinenwaggons, verbogen, verrostet, mit eingeschlagenen Fenstern.
Mich aber zog es noch einmal nach jenem Blumau-Neurißhof. Wie schaut es heute dort aus? Obwohl keine abgestellten Fahrzeuge mehr vorhanden und die Gleise leer sind, ist es nicht viel anders. Als Präludium noch immer die unheimlich hoch ragenden Schranken, dräuende Riesenguillotinen, unter denen ich mich beeile... Zwar sind die mit Tod drohenden Warnungstafeln verschwunden, aber die Ruineneinöde des Steinfelds ist die gleiche.
Erst vor Blumau-Neurißhof hat sich das damals spärliche Auwäldchen verdichtet. Weiche Wiesenpfade ziehen aufs Angenehmste durch, ein paar Frauen mit Kinderwagen sammeln Blumen. Der Endbahnhof ist nach wie vor ein mit Gerümpel verstelltes Magazin, Blumau-Neurißhof selbst hat sich zum Bessern verwandelt. Gediegene Häuserblocks – für Arbeiter und Beamte – mit Vorgärten, regelmäßig wie auf dem Reißbrett entworfen, verschönt durch sich kreuzende hohe Prachtalleen. Ein großes Gasthaus, das auch in Fremdenverkehrsorten stehen könnte, obgleich es müde Rentner bevölkern – aber ich bin der einzige Fremdenverkehr, einen andern wird es wohl nie geben.

INTERMEZZO
Sechs Erzählungen

Drei Nächte

»Wo logieren Sie denn?« fragte mich die Dame mit dem schwarzen Halbschleier.
»Ich?« sagte ich und griff nachlässig in meine linke Rocktasche.
»Im ... im Bahnhofshotel. Auf der Rückreise vom Urlaub eine Nacht. Ja, im Bahnhofshotel.«
»So, so«, sagte sie und sah mich mit merkwürdigem Lächeln an.
»Sie kennen die Stadt noch nicht?«
»Bin zum erstenmal hier«, sagte ich wahrheitsgemäß und fühlte in der Tasche nach meiner letzten Barschaft: 3 Kronen 75 Heller.
Die Dame mit dem schwarzen Halbschleier war mir im Zug durch den leicht betroffenen Blick, als sie meiner ansichtig geworden, aufgefallen. Ich hatte sie dann aus den Augen verloren, im Gewühl der den Bahnhof Verlassenden wieder getroffen und ihr mit dem Gepäck geholfen – meines hatte ich vorher in der Garderobe deponiert. Meine Absicht war ja, nach kürzester Stadtbesichtigung noch mit dem Nachtschnellzug heimzufahren.
»Ich bin hier zu Hause«, sagte sie, als ich ihr mit dem Gepäck auch in die Straßenbahn half und mich neben sie setzte.
Bei ihrem Haus angelangt, fragte sie: »Wollen Sie, daß ich Ihnen morgen die Stadt zeige?«
»Sehr gern, danke schön, aber«, stotterte ich, einigermaßen verwirrt.
»Morgen vormittag zehn Uhr hier. Ja? Auf Wiedersehen!« Und sie verschwand im Haustor.
Ich war damals zwanzig, mit übervollem Herzen und leerer Börse, und was die Dame betrifft, hielt ich sie für viel reifer, aber noch immer jung genug. Und so stand ich allein mit den dunklen Brückenheiligen, die wie Gespenster in den Abend ragten. Ich sah auf den breiten stillen Fluß hinab. Es stand für mich fest, daß ich morgen das Rendezvous einhalten würde,

koste es, was es wolle. Ja, da war ich wieder beim Kostenpunkt... Um morgen in ihrer Gesellschaft den Kavalier bestehen zu können, mußte ich wohl oder übel auf das Bahnhofshotel verzichten. Oder gab es am Ende – siehe ihr merkwürdiges Lächeln — kein Bahnhofshotel? Sollte es aus einer Bank im Wartesaal bestehen?

Da kam mir der rettende Einfall: hatte ich als Beamter eines Verkehrsunternehmens für die Dauer meines Urlaubs nicht eine Freikarte I. Classe bekommen? Ich eilte – die Straßenbahnfahrt sparend – zum Bahnhof zurück und begann die Fahrpläne zu studieren. Eine Stunde später saß ich allein im Abteil des Nachtschnellzuges. Als der Schaffner die Tür öffnete, wies ich ihm mein Freibillet vor. Da es für das ganze Land galt, fragte er mich, wohin ich fahre.

»Nach Prag«, sagte ich.

»Nach Pra – ?.« Der Mund blieb ihm offen.

»Ja, nach Prag.«

»Wir verlassen eben Prag«, sagte er, als der Zug durch die Vorstädte donnerte.

»Bitte, sind Sie so freundlich und wecken Sie mich um halbdrei.«

Er dachte einen Augenblick nach und dann überzog ein Lächeln sein Gesicht. Er hatte offenbar begriffen. Er verschloß mit einem Gute-Nachtwunsch die Tür, nachdem er die Vorhänge zugezogen hatte. Ich streckte mich der Länge nach aus und schlief in dem geräumigen Abteil alsbald den Schlaf des hoffnungsvoll Gerechten besser, als es in der Enge des Schlafwagens gewesen wäre.

Klopfen, Wecken, ich sah auf meine Armbanduhr: Punkt halbdrei. Ich hatte fünfeinhalb Stunden tief geschlafen. Ich riskierte fünfzig Heller Trinkgeld und auf der nächtlichen mährischen Zwischenstation am Buffet zwei Orangen. Blieben mir noch immer drei Kronen und fünf Heller. Zwei verschlafene Soldaten sahen mir blinzelnd zu, sie tranken direkt aus der Flasche Bier, das so trüb war wie die Beleuchtung. Ich ging auf den Bahnsteig hinaus und holte mir von der Pumpe unter Fliederbüschen in der hohlen Hand einige Schluck Wasser. Der Himmel war voller Sterne.

Altstädter Ring
Prag

Eine halbe Stunde später lag ich im Gegenzug so gut wie auf der Hinfahrt, wieder allein im verdunkelten Abteil, gewiegt von der Fahrt. Kein Schaffner war zu sehen, so ersparte ich weiteres Trinkgeld.

Am Morgen in Prag angekommen, strahlte ich nach der Rasur mit meinem stets mitgeführten Apparat usw. wie der Frühlingshimmel über der sonnenerfüllten Stadt. An einem Marktstand Milch und Brot frühstückend, schmeckte es mir besser als es im Luxushotel das Übliche gewesen wäre. Ich schlenderte über die Brücke mit den vielen Heiligenstatuen und sie sahen gar nicht mehr wie Gespenster aus. War nicht ganz Prag von Statuen erfüllt, war es nicht so sehr die Türme- und Brücken-Stadt, vielmehr die Stadt der Statuen? Ich blickte zum Hradschin hinauf, auf Klein-Venedigs Inseln hinunter und empfand sogleich: wenn in Prag wohnen, dann in diesem Wasserbezirk, wo die vielen Fischerkähne verheftet sind und die Möwenschwärme nach Futter suchen.

Kurz vor halbzehn stand ich vor dem bewußten Haustor, fühlte in der Tasche nach meinem Geld: genau zwei Kronen fünfundzwanzig Heller, genug, um meine Partnerin zu einem anständigen Mittagessen ausführen zu können. Und da stand sie auch schon vor mir, die Dame mit dem schwarzen Halbschleier, und zum erstenmal reichte sie mir die Hand.

Sie führte mich die steilen Gassen der Kleinseite hinauf und hinab, ins Alchimistengäßchen, wo die Zauberer gewohnt hatten, zu Meyrinks Golemhaus, zu den Stätten der Fronde, wo die Revolutionäre zusammengekommen waren, um die Welt zu verändern oder zumindest die Verhältnisse – »denn die Verhältnisse, sie sind nicht so«, warf ich, Brecht zitierend, ein, und sie lächelte wieder –, sie führte mich in die Burg, in den St. Veitsdom, zu den Aussichtsstätten, wo die ganze Stadt, von der windungsreichen Moldau geteilt, zu unsern Füßen lag und schließlich ins Strahovkloster. Hier gefiel es mir am besten und sie stimmte mir zu: der stille grasige Innenhof mit der Lorettokapelle, das Verschollene einer geweihten Stätte ... Sie sagte:

»Ich führe Sie vorerst dorthin, wo man gewesen sein muß, wohin die Fremden in Scharen drängen – Gott sei Dank sind sie noch nicht da – und am Abend wird noch was dazukommen. Aber morgen was ganz anderes, vielleicht ein Ausflug, Eisenbahn kombiniert mit Dampferfahrt auf der Moldau ... Sie sind doch morgen auch noch da, nicht wahr?«

»Haben Sie gesagt Eisenbahn?«

»Ja, mit der Lokalbahn durch den Brdywald hinauf bis zur Endstation Dobris.«

»Lokalbahn! In Lokalbahnen bin ich verliebt!«

»Was? Wie mein Sohn! Das freut mich.«

»Und mich erst! Und in Ihrer Gesellschaft sein zu dürfen!« Ich sah sie an, ihr anmutiges Gesicht, die blitzenden Augen unter dem Halbschleier, ihre vollschlanke und doch zierliche Gestalt, ihre festen Beine und ein wenig zu großen Füße, und ich setzte tollkühn hinzu, alles auf eine Karte setzend: »Und die größte Freude wird es für mich sein, wenn ich Sie heute zum Mittagessen einladen darf ...«

Zu Mittag war sie mein Gast im »Kelch«, Schwejks Stammlokal, wo als Sensation in der Tschechoslowakei nach wie vor das Bildnis Kaiser Franz Josephs hängt, jenes k. u. k. Monarchen, der – so sagte ich ihr –, als Böhmen noch zu Österreich gehörte, König von Böhmen war, aber Masaryk entgegnet hatte, nachdem dieser ihm vorgeschlagen, den Dualismus Österreich-Ungarn plus Böhmen in einen Trialismus zu verwandeln: »Nein, ich bin ein deutscher Fürst!«

Sie seufzte: »Das war der Anfang vom Ende ... Mein Sohn ist blutjung als einer der letzten im Weltkrieg gefallen. Und mein Mann ist in russischer Kriegsgefangenschaft gestorben.«

Auch ich seufzte. Wir schwiegen, einen Schluck vom Melniker Wein machend. Nach weiteren Schlucken war es mit dem Schweigen und Seufzen vorbei. Unsere Unterhaltung wurde so angeregt, daß sie mich zum Mokka in ihre Wohnung einlud und hinzufügte:

»Am Abend begleite ich Sie dann zu Ihrem Bahnhofshotel. Haben Sie dort gut geschlafen?«

»Und ob!«

 In ihrer Wohnung angelangt, sah ich ein kleines stilles Heim und um ihre Augen, als sie Hut und Schleier abgelegt hatte, winzige Fältchen, und die machten sie erst recht liebenswert. »Ah, hier riechts gut«, sagte ich, »die beste Empfehlung.« Sie nötigte mich in einen Fauteuil, über dem, wie ich kurz bemerkt hatte, die Fotografie eines Jünglings hing, während sie, die Beine übereinanderschlagend, in einem Fauteuil mir gegenüber Platz nahm, und über dem hing das Foto eines schnurrbärtigen Mannes. Auf ihn und auf sie unterhalb des Bildes schauend, konnte ich mir einen Reim darauf machen, aber mir war, als ob auch sie sich einen machte, indem sie auf mich und das Foto über mir schaute. In den Dämpfen des Mokkas und der Zigaretten schwanden die Bilder und Stunden.

Als es dämmerte, nahm sie Hut und Schleier, es hieß aufbrechen. Wieder die Brücke mit den Heiligenstatuen und dem Piepsen der Möwen, dann der düstere Pulverturm mitten in der Stadt, die Alt-Neu-Synagoge, der Altstädter Ring, die vielen Fremden ... So sehr ich ihre weitere Gesellschaft wünschte, so sehr mußte ich darauf aus sein, die Begleitung zum Bahnhofshotel zu verhindern. Ich konnte eine gewisse Nervosität nur schwer verbergen, und es kam mir gelegen, als sie gestand, sie sei ein wenig müde, sie wolle früher heim. So kam es zu einer umgekehrten Begleitung.

»Auf morgen!« sagte sie beim Abschied. »Um halbacht auf dem Vrsovice-Bahnhof. Und da wir auf du und du mit der Natur sein werden, nehme ich die Verpflegung mit. Gute Nacht!« Und im Verschwinden drückte sie mir ein kleines Paket in die Hand. Wieder die Brückenheiligen, aber ohne das Piepsen der Möwen, sie schliefen weiß aufgereiht auf dem Inselufer, und wieder die vielen Statuen und das Bahnhofhotel im Zug, wo mich derselbe Schaffner wie ein Hotelportier begrüßte. Und hatte ich ihr gegenüber eigentlich die Unwahrheit gesagt? War es nicht ein viel echteres Bahnhotel, diese ungestörte Fahrt im Nachtschnellzug?

Und wieder die nächtliche Unterbrechung im mährischen Zwischenbahnhof, aber keine Soldaten mehr, sondern ein einsames Mädchen, eine Nachtschönheit. Neben ihr auf der kurzen Bank Platz nehmend, um mir aus meinem Geschenkpaket Schinken und Buchtel einzuverleiben, spürte ich, daß mir aus traurig lokkenden Augen eine andere Einverleibung angeboten wurde. Auf meine Frage, auf wen sie warte, erhielt ich die schüchterne Antwort: »Auf den, der zuerst kommt.« – Wortlos, aber freundlich bot ich ihr den Rest meines Imbisses an, und den verschlang sie gierig.

Draußen pflückte ich einen Buschen Flieder, und im Gegenzug habe ich nicht mehr so gut geschlafen. Ankunft in Prag, Frühstück beim Marktstand, letzte Barschaft eine Krone und neunzig Heller. Rendezvous mit der Dame im schwarzen Halbschleier, ich überreichte ihr meinen Flieder. Zugsabfahrt unter vielen Arbeitern in den Nebel hinein. Sie bezahlte die Fahrt für sich und wunderte sich über meine Freikarte. Als der Nebel sich lichtete, fuhren wir auf einer Brücke über die Moldau, und aus dem sich öffnenden Nebelwallen erschien eine Land- und Wasserschaft voll Tauglanz, alle Dächer blinkten in der siegenden Sonne wie von hundert Blendspiegeln. Die Arbeiter waren ausgestiegen, ein paar alte Männer und Frauen mit Rucksäcken verblieben, und der Zug dampfte durch dichte Wälder langsam bergauf. Ich sagte: »Was für endlose Wälder, und immer die Steigung!«

»Das ist der Brdywald«, sagte sie, »wo der böhmische Herrgott die Beeren und Pilze wachsen läßt, in Unmengen, Paradies für das Volk.«

Endlich, nach vielen Stationen mitten im Wald, hörte er auf, wir kamen auf eine freie Hochfläche mit Holzindustrien und weiter Sicht über die sanft gewölbte Landschaft. Vor Dobris hielt der Zug auf offener Strecke, um Wasser zu fassen. Die Endstation Dobris war ganz nach meiner Passion, und natürlich skizzierte ich die Geleiseanlagen, und sie nahm es als selbstverständlich zur Kenntnis. Sie sagte:

»Weil die Fahrt so lang dauert, witzelt man in Prag: ›Über Paa-ris nach Doob-ris‹.«

Wir erreichten durch eine längliche Allee den Ort und einen Autobus. Er führte uns in Richtung obere Moldau weiter. Nach einer Stunde stiegen wir aus und in einen engen Felsenzirkus hinab. Er umfing die Moldau und einen leeren Dampfersteg. Kein Mensch weit und breit.

»Mittagsrast«, sagte sie, auf eine einsame Bank deutend und packte Poulard aus samt Zubehör, auch ein Fläschchen Rotwein. Sie hatte Hut und Schleier abgenommen, die heiße Sonne bräunte uns.

Mein Freibillet galt auch auf der Rückfahrt mit dem Dampfer, und mir schien, sie quittierte es mit ihrem bekannten merkwürdigen Lächeln, als ob ihr ein Licht aufginge.

Die Schaufelräder peitschten das Wasser, wir glitten schnell dahin, zwischen senkrechten Felsabstürzen, daran sich lose Büsche klammerten. Später weitete sich das Tal, abwechselnd Wälder und freundliche Ortschaften im Grün. Bei den verschiedenen Landungen forderten die Abfahrten den Matrosen schwere Abstoßarbeiten auf, indem sie sich gegen riesige Dippelbäume – auf der Donau heißen sie Schorrbäume – stemmten, um das große Schiff namens »Vltava« (»Fassungsraum 650 Passagiere«) vom Land wegzudrücken. Dampfer begegneten uns, lange schwarze Rauchfahnen nachziehend. Kleine Inseln, und auf einer in hohem Schilf eine verborgene Kapelle. Sie soll an ein Kloster erinnern, erzählte sie mir, das vor Jahren vom Hochwasser überrascht wurde, so daß die Nonnen in den Fluten versanken. Rechts die Sazawamündung mit der Eisenbahnstation Davle, die wir auf der Hinfahrt passiert hatten; lange vollbesetzte Züge fuhren ein; dann links, schon knapp vor Prag, die Berounkaeinmündung mit vielen uns zuwinkenden Schwimmern. Sie summte das alte deutsche Moldaulied: »Auf d'Wulda, auf d'Wulda scheint die Sunn a so gulda.«

Bei ihr zu Hause angelangt, wollte ich dankbar Abschied nehmen, um in der Nacht meine um zwei Tage verspätete Heimreise anzutreten, aber sie ließ es nicht zu, mir mit dem Finger drohend: »Glauben Sie, daß ich es verantworten kann, Ihnen noch eine dritte Nachtreise zuzumuten ...«

»Dritte Nachtreise, Wieso?« sagte ich, innerlich erschreckend.

»Sie haben doch nicht zwei Nächte in einem Bahnhofhotel übernachtet, das es gar nicht gibt ... Ich habe schon immer so eine Ahnung gehabt, und Ihre Freikarte hat mich genug aufgeklärt. Ein junger Mann am letzten Tag seines Urlaubs, den ich durch meine Schuld verlängert habe ... Sie Schwindler! Zur Strafe

werden Sie heute bei mir übernachten und erst morgen früh heimfahren.«
»Eine harte Strafe«, sagte ich überwältigt, »als Gast einer schönen Frau –«
»– die Ihre Mutter sein könnte«, vervollständigte sie, »ob Sie's glauben oder nicht.«
»Ich glaub's nicht.«
»Ich aber glaub, daß Sie ein Gentleman sind.«
»Ja. Leider.«
»Wieso leider?«
»Ja wissen Sie nicht«, entgegnete ich, »daß ein Gentleman nicht zu beneiden ist?«
»Versteh ich nicht.« Sie sah mich aus großen Augen an.
»Ein Gentleman darf alles das nicht tun, was er gern tun möchte.«
Sie lachte Tränen.
Es wurde ein Abendessen, das sie in der Küche rasch zubereitet hatte, während ich das Foto ihres Sohnes nicht lange zu studieren brauchte, um zu erkennen, daß es auch meines sein könnte. Ich schmökerte in Büchern von Stifter, der Bozena Nemcova und las Frantisek Halas' Gedicht »Am Grab meiner Mutter ...« Es gehört zu den schönsten der Weltliteratur.
»Echt böhmisch«, sagte sie, als wir beim Essen saßen: Schweinsbraten, warmes Süßkraut und jene einzigartigen Knödel, welche die besten der Weltküche sind, in Scheiben zu schneiden von einem langen strudelartigen Kuchen, und dazu ein Glas Pilsner Bier. Abschluß: Powidltatschkerln.
Im winzigen Gästezimmer durchschlief ich eine nicht ganz ruhige Nacht mit wechselnden Träumen, darin die vielen Statuen die Hauptrolle spielten: sie lächelten mir zu, sie drohten mir, sie segneten mich und verdammten mich, Johannes von Nepomuk ward von der Brücke ins Wasser geworfen und hundert gepanzerte Ritter sahen zu, und mir war's, als ob ich es wäre, und als Letztes schauten mich all die Heiligen und Könige mit wissenden, unergründlichen Augen an.
In Wien angelangt, mußte ich vom Bahnhof zu Fuß heimgehen.
Ich hatte nur noch einen Groschen, den Glücksgroschen.

Schmulsparig zum Pusztawein

Nein, es ist kein Druckfehler, dieses schmulsparig. Im Zusammenhang mit Bahn sollte es natürlich schmalspurig heißen. Aber da mein ungarischer Dolmetscher, der im übrigen ein ausgezeichnetes Deutsch sprach, sich zweimal verhaspelte und schmulsparig sagte, bleibe es bei der Vokalvertauschung. Es paßt auf diese Pusztabahn, die sich selbst ein paarmal verhaspelte, als wären wir noch in den Anfangszeiten der Eisenbahn.

Es war dieser Tage in Szeged, und man war einigermaßen erstaunt, als ich den Wunsch äußerte, auf der kleinen Sackbahn bis zur Endstation Pusztamérges zu fahren. Als jedoch ein Szegeder Schriftstellerkollege zustimmend sagte, er habe in Pusztamérges einen guten Freund, Arzt, Besitzer nicht nur einer Frau, die schreibe und male, sondern auch von Weingärten und Weinkellereien, war mein Dolmetscher nicht mehr zu halten. Und so fuhren wir los.

Wir fuhren los, so früh am Morgen, daß für das Frühstück im Hotel keine Zeit mehr blieb, und in der Annahme, unser Frühstück am Anfangsbahnhof einnehmen zu können. Dieser liegt eine Viertelstunde hinter dem Szegeder Hauptbahnhof, in einem verschollenen, mehr staubigen als sandigen Vorort. Er erinnerte mich ein wenig an Tarascon. Es führt keine Straßenbahn hin, und ein Autotaxi war nicht aufzutreiben. Unsere Freude, einen langen dunkelgrünen Personenzug warten zu sehen, aus dem uns einige Einheimische überrascht und neugierig musterten, wurde beeinträchtigt durch den Umstand, daß keinerlei Gaststätte oder Buffet vorhanden war. Nur im Warteraum gab es einen dunklen Zeitungsladen, darin eine alte Frau hockte und für unsern Hunger nichts anders hatte als eine kleine Tafel Schokolade und Zigaretten. Wir teilten uns die Schokolade, und als wir zu rauchen begannen, schmeckte es wie die französischen Gouloises. Die haben einen Tabak schwarz wie Kohlensplitter und scharf wie Drahtspiralen. Man sagt von ihnen: Einer raucht und zwei fallen um.

In unserem Fall konnte aber niemand fallen, weil in dem Waggon außer uns beiden niemand war als ein verschwitzter Mann im Overall, und der schlief auf einer Bank ausgiebig. Auch der heftige Ruck, den unser Zug plötzlich machte, störte sein Schnarchen nicht, und als wir nach einem halben Meter Vorwärtsbewegung schon wieder stillstanden, merkten wir, daß allein der vordere Teil des Zuges abgefahren war. Wir hatten den letzten Waggon gewählt, wegen der freien Aussicht von der hintersten Plattform. Doch war alles in Ordnung, als wir eine neue Lokomotive vorgespannt erhielten. Der davongefahrene Zugteil sollte ja eine Abzweigung benützen.

Fuhren wir nun im Schrittempo, um nicht auf den Vorderzug zu stoßen oder weil wir holpernd die Normalspur eines Hauptbahngeleises kreuzten oder weil die Strecke anstieg? In der Tat, die Strecke stieg an: in dieser Pusztaebene, die nicht die Spur eines Hügels zeigte. Dennoch haben viele Ortsnamen den Wortteil halom, was Hügel heißt: hier Kunhalom, Ashothalom usw. Ja schon die erste ungarische Grenzstation unweit dem österreichischen Bruck an der Leitha heißt Hegyeshalom, wo doch nichts als flachste Gegend ist. Aber im ungarischen Tiefland ist wohl schon jeder Erdbuckel von der Höhe eines Misthaufens eine Sensation – so sind wohl die häufigen (von Haufen!) halom-Namen zu erklären.

Als es endlich schneller dahinging, aber nicht schneller als 20 Kilometer in der Stunde, und wir immer tiefer in die Puszta hineinkamen, zeigte sie sich keineswegs als Puszta im Wortsinn. Keine baumlose Steppe, die höchstens noch als Weideland dienen kann. Die im neuen Ungarn verschwindende unfruchtbare Puszta geht auf die Türken zurück. Anderthalb Jahrhunderte in Ungarn herrschend, hatten sie die Dörfer niedergebrannt und die alten Felder in Heide verwandelt, gut genug für ihre Viehwirtschaft. Auch als die Türken längst vertrieben waren, wuchsen auf mancher Puszta nur verstreut einzelne Disteln, und aus der Ferne erscheint so eine einsame Distel groß wie ein Baum:

die Sicht in der Ebene vergrößert – ein mir unvergeßliches Erlebnis, wie es auch Lenau im Gedicht festgehalten hat. Die Bauern waren vor den Türken in die Städte geflohen und zu einer Art Bürger geworden; ihre Nachkommen aber hatten nach dem Abzug der Türken ihre Ansprüche auf die verlorenen Gründe geltendgemacht und diese allmählich in fruchtbare Gebiete zurückverwandelt. Daher um die ungarischen Städte des Tieflandes die riesigen Gemeindegebiete dieser Städte, heute bis in schier endlose Horizonte wogende Ährenfelder, ein goldenes Weizenparadies ohnegleichen.
Wir fuhren durch ein Kukuruzparadies ohnegleichen, durch Paprikafelder, durch Spaliere, ja durch Alleen übermannshoher Sonnenblumen, zwischen Akazienhecken und vor allem durch Obst- und Weinriede, durch Wein, Wein, und all das saftige Grün streifte unser Zug raschelnd. Leider fuhr er doch nicht so langsam, daß wir uns Äpfel oder Trauben hätten pflücken können, um unsern frühstückslosen Magen zu beruhigen. Obwohl die einsamen Stationen, deren Geleise unter noch im Abfall duftenden Lindenblüten versanken, mit grellgrüngestrichenen Vorgartenzäunen wie Csárdas ausschauen, hatten sie nichts von einer nährenden Csárda zu bieten.
Als wir uns einer Station näherten, wo viele Fuhrwerke mit Ladung bereitstanden, sprang unser Kondukteur – wohlgenährt, ein gemütlicher Dschingis Khan – im Fahren ab und lief landeinwärts davon. Unser Zug verhaspelte sich zurückrangierend auf das Magazingeleise, und als wir wieder in Weiterfahrt waren, kam unser Kondukteur atemlos zurückgelaufen. Er sprang auf, an seiner Brust drei kindskopfgroße Prachtpfirsiche bergend. Sich zum Fenster hinausbeugend, um nicht betrenzt zu werden, begann er sie mit Wonne zu verzehren, uns aus seinem Gesicht, tiefgelb wie die Pfirsiche, genießerisch zublinzelnd, während uns nur das Wasser im Mund zusammenlaufen konnte. Den ganzen Vormittag suchten wir durch dauerndes Zigarettenrauchen unsern Hunger zu besänftigen. Ringsum fruchtbarste Überfülle, in uns enervierende Leere. Endlich in Pusztamérges – stille Endstation, wo nur die zwischen den Schienen pickenden Hühner laut waren – angekommen, hatten wir eine gute Vier-

telstunde bis ins Dorf zu gehen, ohne vorher und im Dorf selbst die ersehnte Gaststätte zu finden. Überbreite, rechtwinkelig einander kreuzende Sandstraßen, ein Schachbrettdorf, einzeln stehende gelbe Häuschen, eher Tanyas gleichend, gartenreich, und schläfrig in der Mittagshitze schleichende Fuhrwerke, gezogen von mageren Pferden oder dicken Ochsen. Freundlich grüßten, sofern sie nicht eingenickt waren, die Kutscher.

Letzte Hoffnung: der uns empfohlene Arzt. Wir klopften an Tür und Fenster. Er war nicht zu Hause. Wir drangen in den Garten ein, um vielleicht von hinten Erfolg zu haben, wie es überall auf dem Lande üblich ist. Zu unserer Genugtuung wurde uns die hintere Verandatür von einer Frau in den schönsten Jahren geöffnet. Verblüfft musterte sie uns. Die ungarische Vorstellung meines Begleiters schloß auch meinen Namen mit ein, worauf uns sofort ein begeisterter Empfang zuteil wurde.

Die Frau des Arztes sagte nämlich als erstes (auf ungarisch, sie sprach kein Wort deutsch, und es wurde mir von meinem Begleiter freudig übersetzt), daß sie soeben einen Artikel über mich in der heutigen Zeitung gelesen habe. Sie reichte uns das Szegeder Blatt, welches berichtete, daß der österreichische Schriftsteller (folgt mein Name) in Szeged weile und so weiter. Für uns, freundlichst zum Sitzen eingeladen, ging es aber nicht so weiter, daß wir etwas Eßbares vorgesetzt erhielten. Unsere Verfassung konnte ja die schöne liebenswerte Dame nicht ahnen. Was erhielten wir vorgesetzt? Zigaretten ...

Und so waren wir gezwungen, zu rauchen, nach wie vor. Als der Arzt von seinen Visiten zurückkam, glaubte ich eine Mischung von Guareschi und Günter Grass vor mir zu haben; aber, wie schon angedeutet, der literarische Teil des Ehepaares war die Frau des Hauses. Sie bot uns an, nein, wieder nichts Eßbares, ihre Gemälde zu besichtigen. Sie war ja auch Malerin. Es war eine qualvolle Besichtigung. Wir betrachteten die Bilder, merkwürdige Mischung aus traditioneller und avantgardistischer Manier, mit immer lauter knurrendem Magen. Er knurrte offenbar so laut, daß wir endlich etwas vorgesetzt erhielten: Eigenbau-Pfirsiche.

 Nach einer Anstandspause griffen wir zu. Noch nie hatten mir

Pfirsiche so gemundet wie diese. Und als wir endlich zu einem opulenten Mittagessen eingeladen wurden, waren unsere Gemüter im Schmausen und Trinken so befriedet und sonnig wie die Landschaft draußen, wo der blasse Mond den ganzen Tag durch die südlich strahlende Himmelsbläue schwebte.

Von den folgenden Weinkellerbesuchen mit diversen Kostproben, allein begleitet von der lebenslustigen Hausfrau, da ihr Mann Ordination hatte, sei nur so viel verraten, daß man den Pusztamérges-Tropfen lokalpatriotischerweise als den besten Ungarns ausgibt. Für ihn müsse das Ausland 3 Dollar pro Liter bezahlen. Wie schön waren die Autofahrten zu den Kellern, geradezu wollüstig auf den feinsandigen Pisten, immer gestreift von Weinlaub, Weinwald, grüngold flirrend, grüngoldener Weinrausch, grüngoldener Sonnenrausch und all das in betäubendem Lindenduft.

Als am Abend der letzte Zug zur Rückfahrt nach Szeged mahnte, fiel uns der Abschied auch von der freigebigen Hausfrau schwer. – Ist sie nicht eine ungarische Madame Bovary, flüsterte mir mein Begleiter zu. Trost, zumindest für mich: die schmulsparige Pusztabahn. Und da war auch wieder der Kondukteur, der gemütliche Dschingis Khan.

Als Romantiker und Antiromantiker zugleich, der ich bin, kann ich den Schönheitsfehler der Schmulsparigen nicht übersehen: sie fährt längst mit Dieselloks. Die Dampflokomotiven – zuletzt nur für Lastzüge eingesetzt – sind verschwunden. Ich hätte sie gerade hier umso eher erwartet, als auf den ungarischen Hauptstrecken noch immer riesige Dampflokomotiven zischen, rauchen, langhin pfeifen, genießerisch Wasser speisen und, ohne ein Rad heben zu müssen, ungeniert ihr Wasser abschlagen.

Auch die großen Bahnhöfe sind noch die alten, sozusagen österreichischer als die österreichischen: in Budapest mit rußigen Glasdächern wie in jener Monarchie, die man die k. u. k. nannte, und in der Provinz ohne Mittelbahnsteige. Man muß, um die gestaffelt stehenden und endlos langen, auch in der ersten Klasse vollbesetzten Züge zu erreichen, nicht selten einen halben Kilometer laufen und mehrere Geleise überschreiten, auf denen, von einem vorauseilenden Eisenbahner mit roter Fahne begleitet, Garni-

turen verschoben werden. Ja, auf den Rangiergeleisen auch großer Bahnen sah ich – wie schon in Hegyeshalom – Gänseherden sich gütlich tun: ein schmackhafter Empfang des Ostens.
Und wenn der Zug an einem Puszta-Fußballplatz vorbeikommt, so kann man unter den primitiv aus rohen Ästen gefügten Torstangen ohne Netz einen alten Hirten hocken sehen, einen kanász. Ungerührt wendet er dem Zug den Rücken und beobachtet seine tiefschwarzen Fettschweine, die ebenso ungerührt die Markierungen samt dem Elferpunkt zerwühlen und Haufen von Andenken hinterlassen. Vor dem nächsten Match wird der Platzwart keine Freude haben!

Zu Fuß durch den Eisenbahntunnel

> »Die Furka ist ein Schindluder ... Man sieht nun keinen Baum mehr in der ödesten Gegend der Welt und in einer ungeheuren, einförmigen schneebedeckten Gebirgswüste. Ich bin überzeugt, daß einer, über den auf diesem Weg die Einbildungskraft nur einigermaßen Herr wird, hier ohne anscheinende Gefahr vor Angst und Furcht vergehen würde.« GOETHE
> *(an Frau von Stein über seine Furkapaßüberquerung am 12. November 1779).*

»Sie können mit unserer Bahn nicht zurückfahren«, sagt mir am Abend nach meiner Ankunft in Brig der bärtige, nach Tabak riechende Kondukteur der hier beginnenden schmalspurigen Furka-Oberalp-Bahn. Er erinnert sich meiner Hinfahrt noch gut. In der untergehenden Sonne funkeln die goldenen Kugeln auf den drei Türmen des Stockalper-Palastes mitten in Brig.
»So. Und meine bezahlte Rückfahrkarte?« sage ich auftrumpfend. Während er bedauernd die Schultern zuckt, fahre ich fort: »Heute ist der 7. Oktober. Und auf meiner Rückfahrkarte, hier, steht draufgedruckt: ›Zwei Monate gültig.‹ Die sind noch lange nicht um. Stimmts?«
»Stimmt«, sagt er, freundlich lächelnd.
»Ich muß also morgen mit dem ersten Zug zurückbefördert werden«, sage ich entschieden.
»Ja, aber es ist vorigen Sonntag der letzte Zug gefahren.« In mein nicht sehr weises Gesicht hinein vernehme ich, daß das Mittelstück der Furkabahn zwischen Oberwald und Realp acht Monate im Jahre eingestellt ist, jawohl, jedes Jahr acht Monate. Durchgehender Verkehr ist nur vom ersten Sonntag im Juni bis zum ersten Sonntag im Oktober. Warum? Weil die Furkapaßstrecke die gefährlichste Winterstrecke – eines acht Monate lang dauernden Winters – der Schweiz ist, in über 2000 Meter Höhe

die furchtbarste Lawinenstrecke der Welt: mehr als ein halbes Jahr wird sie von Lawinen verschüttet. Darum wird die Bahn nicht nur eingestellt, sie wird auch abgetragen. Man hat schon begonnen, sie abzutragen. Man muß sich beeilen. Sonst können nicht einmal mehr die Arbeiter dazu. Und erst wieder nächstes Jahr im Juni ...
Ich erbleiche: meine letzten Franken! Es heißt einen Reiseumweg durch die ganze Schweiz machen. Doch erklärt man sich in der Direktion der Furkabahn bereit, diese Kosten auf sich zu nehmen, es sei denn –:
»Sie sind doch Journalist, nicht wahr?«
»Na ja ... Schriftsteller.«
»Bitte. Morgen sehr früh geht ein letzter Materialzug hinauf. Aber nur bis Muttbach. Wir würden Sie ausnahmsweise mitnehmen. Von dort können Sie, wenn Sie wollen, die eingestellte Strecke bis nach Realp zu Fuß gehen. Ab Realp verkehrt unsere Bahn das ganze Jahr.«
»Bis nach Realp? Wie lange ist das?«
»Genau 10 Kilometer. Aber es ist kein Weg, nur eine mehr oder weniger ausgetretene Spur längs der Schienen und auch zwischen den Schienen.«
»Da muß ich durch den großen Scheiteltunnel?«
»Ja. Und dann noch durch drei kleine Tunnel. Wenn Sie das Risiko auf sich nehmen wollen?«
»Und mein Gepäck?«
»Das wird den Bahnumweg nördlich über Bern und Luzern machen. Wenn Sie morgen abend nach Andermatt kommen, ist es schon dort. Und Ihnen geben wir eine Karbidlampe mit. Ein kleines Abenteuer ...«
Ein großes! fühle ich. Welch unverhoffter Höhepunkt steht mir, der ich schon alle Reiseüberraschungen hinter mir glaubte, bevor! Heute früh im offenen Hemd in der Mittelmeerluft von Arles unterm Sonnenfeuer der Provence, jetzt am Abend vermummt in der Hochgebirgswelt der Schweiz, fröstelnd unter den Türmen Brigs, und morgen früh im Schnee des Furkapasses ...
Man drückt mir eine kleine Broschüre in die Hand, die abenteuerliche Baugeschichte der Bahn. Ich möchte sie als Vorberei-

tung für morgen lesen. Im Hotel notiere ich mir daraus: Der Bau zog sich über sechzehn Jahre hin. 1910 wurde die Bahn vermessen, im Frühjahr 1911 wurde mit dem Bau begonnen; vorhandenes Kapital 38 Millionen Franken. Den zwei Kilometer langen Furkascheiteltunnel durchzuschlagen schien unmöglich. Zwei Unternehmer dieses Bauloses traten ab. Nach einem Jahr war man erst um 160 Meter von der Rhôneseite vorgerückt, von der Rheinseite noch gar nicht, dort war Winterarbeit ausgeschlossen. Zum Überfluß mußte die Tunnelrichtung des druckhaften Schiefers wegen um 100 Meter nach Süden in kompakteres Gestein verschoben werden. Es hieß nochmals anfangen.
Nach fast anderthalb Jahren hatte man auf der Rhôneseite erst 200 Meter, auf der Rheinseite gar nur 32 Meter Tunnel gebohrt. 3000 Mann waren beschäftigt, unter ihnen viele italienische Arbeiter. Es war sehr schwer, die frierenden Südländer über den Winter in über 2000 Meter festzuhalten. 20 Italiener konnten im Herbst nicht mehr zurück, sie waren eingeschneit und für den ganzen Winter verproviantiert worden. Wie Eskimos hausten sie in Baracken, die zwar zentralgeheizt, doch feucht waren, keinen Augenblick lawinensicher. Sprengstoffexplosionen verursachten einen Unfall nach dem andern, es gab viele Verletzte und in den ersten zwei Wintern durch niedergehende Lawinen vier Tote. Im dritten Sommer stürzte der Teiltunnel auf der Rheinseite ein, was ein fünftes Todesopfer forderte. Schon früher war der Bau auf der Rhôneseite, da es an Bauholz und Zement mangelte, eingestellt worden.
Immerhin konnte am 30. Juni 1914 der erste Zug auf der Rhôneteilstrecke Brig-Gletsch (3 Kilometer vor dem Scheiteltunnel) fahren. Doch schon wenige Wochen später Arbeitsabbruch – 160 Meter fehlten noch am Furkatunnel: der Erste Weltkrieg war ausgebrochen. Die italienischen Spezialarbeiter blieben aus, die wenigen, die kamen, waren teuer. Zehn funkelnagelneue Dampflokomotiven waren zuviel. Nichtsdestoweniger gelang es den angestrengten Bemühungen der Unternehmer, der Compagnie Suisse du Chemin de fer de la Fourka mit dem Sitz in Bern, am 25. September 1915 um ½ 10 Uhr abend den Furkatunnel endlich zu durchstoßen. Aber das ganze Geld war verbraucht, und

kaum ein Jahr später mußten die weiteren Bauarbeiten wieder einmal eingestellt werden.
Nicht genug an dem. Am 16. Mai 1916 wurde der steinerne Viadukt über den Steffenbachgraben von einer Lawine in die Tiefe geschleudert, nachdem ihn unmittelbar vorher ein Materialzug mit 16 Arbeitern passiert hatte. Die neue Steffenbachbrücke wurde erst neun Jahre später erbaut. Unter den 5000 Eisenbahnbrücken der Schweiz ist sie einzigartig: aus Stahl verfertigt, kann sie in drei Teile zerlegt werden. Sie kann à la Ritterburgzugbrücke in 1½ Arbeitstagen eingezogen werden, damit die Lawinen sie nicht mehr angreifen können: acht Monate statt Bahnverkehr nur Lawinenverkehr.
Ausgerechnet nach dem Durchbruch des Furkatunnels – der dann noch zehn Jahre auf seine Schienen warten mußte – konnte die Bahn während dieser zehn Jahre nur in Teilstrecken betrieben werden. Wachsende Autokonkurrenz, ungeheure Defizite, Sanierungsversuche vergeblich, 1923 Konkurs ... Die Stationsgebäude lagen halbfertig und verlassen da, Unkraut wucherte auf den Bahnsteigen und Gleisen, sie verrosteten und verwarfen sich. Der Tunnel war wieder einmal eingestürzt, blieb aber auch im Winter, wenn die noch um mehrere hundert Meter höher geführte Furkastraße unpassierbar war, wenigstens mehr kriech- als gangbar, ein strategisch wichtiger Umstand.
Man sprach sogar vom Abbruch des 25 Kilometer langen Mittelstückes der Bahn Gletsch-Andermatt. Da griff die Schweizer Bundesregierung ein, um dem Ansehen des Staates im Ausland nicht zu schaden, und unterstützte die Initiative des Lausanner Direktors August Marguerat: sie stellte der 1925 von ihm neugeschaffenen Bahngesellschaft 3 350 000 Franken zur Verfügung. 40 Millionen Franken waren bereits investiert worden.
Innerhalb eines Jahres gediehen nun mit bewundernswerter Energie alle Rekonstruktionen bis zur Vollendung. Unter anderm mußten die schon gelegten Geleise vom Buschwerk befreit oder auch ausgegraben und zurechtgebogen werden. Zuletzt wurden endlich auch die Gleise im Furkatunnel montiert. Und dann war es so weit. Am 3. Juli 1926 konnten die ersten durchgehenden Dampfzüge, blumengeschmückt, über Gletsch durch

den Furkatunnel nach Andermatt geführt werden. Es war Sommer, doch ging es auf der Rheinseite noch durch haushohe Schneemauern ins Ursener Tal hinab. Die fünfspännige Pferdepost wurde eingestellt, und die sehr konservative Hirtenbevölkerung, die sich anfänglich gegen die Bahn gewendet hatte, schloß nun ihr »Zügli« ins Herz. Jahr für Jahr muß der Kampf gegen die unbarmherzigen Winter weitergeführt werden und das bringt den armen Hirten und Bergbauen zusätzlichen Verdienst ein. Die Bevölkerung zahlt übrigens ermäßigten Fahrpreis. Nicht selten müssen auch im Sommer durch die ungeheuren Schneemassen Tunnels gebohrt werden, Schneetunnels, deren Bau an den richtiger Steintunnels erinnert. Im Jahr 1932 konnten sich in einem solchen Schneetunnel eingeschlossene Arbeiter dank dem Notlicht eines Kerzenstümpfchens selbst befreien.
Der 1930 eingeführte Glacier-Expreß bewährt sich im Fremdenverkehr bis auf den heutigen Tag. 1942 war die ganze Strekke elektrifiziert, die »Cholis« (kohlenbetriebene Loks) wurden bis nach Indochina verkauft. Der Krise im Zweiten Weltkrieg konnte durch die bedeutenden Militärtransporte der hochgerüsteten Schweiz entgegengewirkt werden.
So weit meine Notizen vor dem Einschlafen. Die Nüchternheit dieses Berichts, gerade darum so wirksam, bescherte mir in der Nacht die phantastischesten Träume.

Am andern Morgen ist es noch stockfinster, alles feucht und eiskalt, als wir, ein paar schweigsame Arbeiter, der freundliche Kondukteur und ich, im einzigen Personenwaggon des Materialzuges – vorn die elekrische Lokomotive, hinten ein offener Lastwagen – Brig in großem Bogen verlassen und ins Goms hinauffahren. Was wird es für ein Wiedersehen mit dem Hochtal der schwarzen Dörfer werden? Vorläufig sehe ich nichts als die bartstoppeligen, unausgeschlafenen Gesichter der Arbeiter im trüben Gelb der elektrischen Birne.
Bald werde ich eingeladen, nach vorn zum Fahrer zu kommen. Die Scheinwerfer strahlen voraus. Immer bergauf geht es, streckenweise schneller ohne Zahnrad, streckenweise langsamer mit Zahnrad. Das Zahnrad hängt sich mit hörbarem Klick-Klack

und spürbarem Ruck während der Fahrt von selbst ein; an den Übergangsstellen braucht die Fahrt nur um einiges vermindert zu werden. In den Kehrtunnels werden wir zu einer Grottenbahn, die sich donnernd aufwärtsschraubt, wie ein riesiger Korkzieher. So überwinden wir die Steilstufen des Goms, das mit dem zurückliegenden Wallis das längste Längstal der Schweiz bildet.

Naß glänzen die Schienen in der Morgendämmerung, und von allen Seiten, von allen Hängen, sprühend im Scheinwerferkegel, rauschen und brausen die Wasser – das entscheidende, das lebendigste Erlebnis, wenn man vom ausgedörrten Süden kommt. Dort im Süden erfährt man erst am eigenen Leib, daß »Rivale« von »Ufer« kommt, vom lateinischen rivus, Bach; der Rivale ist der Uferbewohner, der vom anderen Ufer, der einem das spärliche Wasser wegnimmt, der Nachbar als Gegner. Hier aber in diesem Überfluß lebendigsten Wassers muß der Nachbar der Freund sein.

Als ich im ersten Morgenlicht die verstreuten Weiler über dem Gomshochtal aufbleichen sehe, so hoch oben, daß ich den Kopf weit zurückbiegen muß, erinnere ich mich Théophile Gautiers, des l'art pour l'art-Ästheten unter den französischen Schriftstellern, dessen Reisebücher mir in Frankreich in die Hand kamen. Im Jahre 1868 reiste er im Wallis rhôneaufwärts mit einheimischen Führern, deren Deutsch er natürlich nicht verstand, als diese plötzlich ein lautes Gelächter anstimmten. Sie verdolmetschten ihm umständlich, indem sie zu den einsamen Hochweilern hinaufwiesen: »Wir haben uns über die Hühner dort oben amüsiert (man hörte deren Geschrei in der großen Stille bis herunter). Sie sollen mit Hufeisen beschlagen sein, weil alles so steil ist.« Und Gautier erklärte wieder ihnen, ähnlich sei es in dem spanischen Bergstädtchen Alhama, wo der Hauptplatz mit scherenartigen Holzriffeln belegt ist, damit er von den Bewohnern überhaupt erklommen werden könne.

Und wieder empfinde ich, wie sich die äußersten Gegensätze, Schweizerisches und Spanisches, berühren, das Charakteristikum des Rhône – der hier übrigens den passenderen harten Namen Rotten führt. Schon 700 Meter höher als Brig, nähern wir uns –

in einigen Stationen sind Arbeiter zugestiegen – Oberwald. Alles ist weiß: Schnee, der Schnee liegt bis zur Bahn herab. Die Schweiz braucht keine Kriege, sie hat sich genug gegen die Natur zu verteidigen; katastrophal waren die Schneefälle und Lawinengänge im Januar und Februar 1951. Das ist den Eisenbahnern noch in guter Erinnerung.

»Bis zu zwanzig Meter hoch lagen die Schneemassen«, erzählen sie. »Die Leitungen zerstört, die Masten abgebrochen, eine Haltestelle und ein Viadukt vernichtet. Vernichtet auch das Hotel Oberalpsee, die Besitzer, Herr und Frau Nager, fanden den Tod. Sie hatten seit zwölf Jahren auch die Haltestelle Oberalp betreut. Hoffentlich haben Sie auf der Rheinseite, wenn Sie zu Fuß wandern müssen, annehmbares Wetter.«

Wir fahren nun in jener gräßlichen Steinwüste zwischen Oberwald und Gletsch aufwärts, die schon auf der Hinfahrt an das Ende der Welt gemahnt hat und jetzt an die Sonnenexplosion von Les Baux erinnert. Nur ist hier alles vom andern Extrem, von der Winterkälte geborsten, und das einzig Mildernde ist die Schneedecke. Auch Théophile Gautier hat diese Steinschaft eher als »einen Traum von monströsen Knochen verschwundener Urzeittiere« empfunden, von einer »schrecklichen Majestät, wo die Stürme wie Furien wirbeln.« Er glaubte »ein schallendes Gelächter zu hören, böse, kreischend, von einer markerschütternden Ironie wie das Mephistopheles' ...«

Ich aber kann mich eines Lächelns nicht erwehren, als wir an Ernen vorbeikommen, von dessen Eingeborenen mir der Kondukteur bei der Hinfahrt ein Schildbürgerstückchen erzählt hatte. Es ist lange her, da wurde ihnen ein wandernder schwäbischer Handwerksbursch eingeliefert, den sie wegen einer gräßlichen Untat hängen sollten. Aber sie entschieden nach reiflicher Ratschlagung: »Der Galga isch für ünsch und für üsere Nachkommen, nit für jede fremde Hudel.« Und so ließen sie ihn frei und gaben ihm noch Handgeld mit, damit er in einen andern Ort wandern könne, wo er sich hängen lassen solle. Der Galgen steht noch, ein Zeichen dafür, daß Ernen, heute ein unbedeutendes Dörfchen, einst als Gerichtsort der Hauptort des Tales war. Unmittelbar vor Gletsch macht mich der Fahrer auf den Rest

einer alten Lawine aufmerksam, die vom Rotten durchbrochen wurde und seither eine wuchtige Bogenbrücke aus Eis bildet. Dann sind wir auf dem Gletschboden und fahren an dem geräumten Luxushotel vorbei, wo ich auf der Hinfahrt die erste Schweizer Nacht verbracht und zum erstenmal etwas von der elementaren Natur geahnt hatte ... All die Verkaufshütten an der Straße und Bahn sind weggeräumt. Und da ist wieder der Rhônegletscher, dieser vereiste Niagarafall. Ich spüre seinen Eishauch, ich sehe die Rhônequelle wieder, und es sind erst vierundzwanzig Stunden her, daß ich in Arles am Rhônedelta war. Was über der Höhe des Gletschers wie zerfließende Wolken aussieht, sollen Schneestürme sein, die von der anderen Seite des Passes her wüten. Werden sie auch mich jenseits heimsuchen? Na, ich danke! Immer im Angesicht des Gletschers, fahren wir nun die steilste und letzte Zahnschienenstrecke nach Muttbach hinauf, jener Haltestelle unmittelbar vor dem Scheiteltunnel, die nichts als ein hölzerner Verschlag ist: Ende der Fahrt.
Es ist halb acht Uhr, als ich frierend aussteige, in Gesellschaft von zwei Dutzend Arbeitern und ihrem Koch. Sie nennen ihn Chef. Er bleibt in dem Verschlag zurück, macht sofort ein offenes Feuer, um die Menage zu besorgen. Wir andern gehen im eisigen Schneewind auf den Scheiteltunnel zu, dessen doppelflügeliges Holztor geschlossen ist.
Die Lokomotive fährt zurück, sie kommt erst am Abend wieder, um die Arbeiter und Waggons zu holen. Dankend rufe und winke ich den Eisenbahnern nach. Nun bin ich unter der Obhut des Vorarbeiters. Am Tunneleingang zündet er eine Grubenlampe an und drückt sie mir in die Hand. Auch die meisten andern haben außer ihren Werkzeugen gleiche Lampen, und so dringen wir, nachdem das Tor knarrend geöffnet wurde, wie in ein Bergwerk ein.
Schon während der Fahrt habe ich abgeschraubte und umgelegte Leitungsmasten gesehen, abgetragene Weichen, Schwellen und anderes Material, das dem drohenden Lawinengrab entzogen und talwärts geschafft werden soll; hier im Tunnel ist das Geleise selbst schon teilweise entfernt, auch die Oberleitung. Die
 Schienen lehnen an den Wänden, die restlichen Schwellen liegen

neben dem Schotterbett frei da. Sofort wird das Weiterkommen verlangsamt und erschwert. In dem ungewissen Licht flackern die tausend und abertausend Eiszapfen der Tunnelwölbung wider. Es ist wie in einer Tropfsteinhöhle. In unsere Tritte klingt das Tropfen und Klickern von den Wänden. Die Kälte wird unerträglich. Schon sind meine Finger am Griff der Grubenlampe erstarrt.
Nach kurzer Zeit sind die Leute an ihrer Arbeitsstelle und machen sich daran, die Abtragung fortzusetzen. In wenigen Tagen müssen sie alles erledigt haben, um nicht vom Winter überrascht zu werden; in acht Monaten, Ende Mai, muß ebenso rasch alles wieder montiert werden, damit Anfang Juni der durchgehende Verkehr einsetzen kann. Das erklärt mir der Vorarbeiter beim Abschied. Und dann gehe ich allein weiter, allein in die Finsternis des Scheiteltunnels hinein. Die Arbeiter bleiben zurück. Aber noch lange höre ich sie unter den verhallenden Kommandos des Vorarbeiters emsig hämmern, in der irrlichternden Dunkelheit wie Heinzelmännchen.
Das Vorwärtskommen wird zu einer Qual. In einer Hand die prallgefüllte Aktentasche, daran baumeln die Büschel Lavendel und Thymian und die Ölzweige, in der andern die Grubenlampe, unter den Füßen spitzen Schotter und rutschige, hie und da matt aufglänzende Schwellen, eher Hindernis als Hilfe für meine Tritte: so komme ich nur tastend weiter. Von den Eisschollen gar nicht zu reden. Stellenweise füllen sie den Boden, als ginge ich auf einem zugefrorenen Fluß, auf einer Eisdecke, deren Krachen anzeigt, welches Wagnis – doch welch willkommenes Wagnis! – ich auf mich genommen habe. Mehr als anderthalb Kilometer geht es noch bergauf, dann folgt das ebene Stück, aber vom Ausgang keine Spur.
Einmal bleibe ich stehen, rieche zu Lavendel und Thymian. Vision der Provence: Heiße Heide, unter schwarzen Zypressen blendend weiße niedrige Mauern, deren widerstrahlende Sonnenglut noch einmal zu spüren, deren Bröckeln noch einmal zu hören ist. Und höre ich nicht auch das ferne Echo der Zikaden? Oder sind es noch immer jene Heinzelmännchen? Oder mein heftig klopfendes Herz? Schon fühle ich mich erwärmt; doch

wird es wohl von der geringeren Kälte im Erdinnern sein, von meiner Bewegung, vom überwindenden Eifer.
Weitergehend, glaube ich einen Luftzug zu verspüren. Ich sehe einen dünnen Lichtspalt, offenbar zwischen den schlecht geschlossenen Torflügeln der anderen Seite. Endlich bin ich am andern Ende, an dem Tor der Rheinseite, und ich stemme mich dagegen, befreit und doch bange. Für den kaum zwei Kilometer langen Tunnel habe ich mehr als eine Stunde gebraucht. Welches Wetter wird mich in der einsamen Hochwildnis empfangen?
Schon der erste Blick hinaus zeigt eine strahlende Winterlandschaft ohnegleichen. Ich trete in eine vollkommene Sonnenstille unter einem tiefblauen Himmel, dessen Widerschein das Schneeweiß beherrscht. In der Felsennische der Haltestelle Furka – Höhenmarke 2160 m – stelle ich meine Grubenlampe ab. In der blendenden Lichtfülle ist das Flämmchen sofort unsichtbar geworden. Ich lösche etwas aus, was nicht mehr zu sehen ist.
Ein leises Sausen füllt die glasklare Luft, stets gleichmäßiges Sausen: das ist der Widerhall des Flusses rechts in der Tiefe, das Rauschen der Reuß. Sie fließt zum Rhein. Links gehen die Gletscher bis zu 3900 m Höhen hinauf. Ich bin auf der Urserentalseite der großen zentraleuropäischen Wasserscheide, im Kanton Uri, wo alle Wasser zur Nordsee fließen. Und nun beginnt auf der Bahnstrecke talab meine Vormittagswanderung.
Oben zur Linken – die Bahn sucht ja die tieferen Talhänge – bleibt nicht sichtbar die Furkastraße, wohl nicht so windgeschützt; andererseits führt die Bahn in jenes Lawinental der Schweiz, das, so viele Opfer es auch gefordert hat, heute seine schönste Seite zeigt. Es ist, wie mir gesagt wurde, nicht einmal ein Fußpfad vorhanden. Allein die verlassene Bahntrasse zeichnet die zu verfolgende Spur vor.
Und doch sind auch lebendige Spuren im weichen, knöcheltiefen Neuschnee vorhanden: Tierspuren. Der Spuren und Fährten unkundig, würde ich einen Hirten oder Jäger brauchen, der mir die mannigfachen Abdrücke deuten könnte. Sind diese vom Fuchs oder Hasen oder vom Murmeltier, jene vom Steinbock, von Gemsen oder gar vom Luchs? Eine rührend kleine Spur glaube ich selber deuten zu können. Es ist eine Doppelreihe winziger

Pünktchen, gleichlaufend nebeneinander, und genau in der Mitte zieht ein Strich mit, gleichsam eine Mittelschiene. Rührt das nicht von der Schneemaus her? Und die Mittelspur vom nachgeschleppten Schwänzchen?

Es ist jene Gegend, in die sich auch der dreißigjährige Goethe wagte, etwas höher auf der Furkastraße, auf seiner zweiten Schweizer Reise. Dies zu einer Zeit, da die Menschheit noch im Grauen vor dem Hochgebirge lebte, auch viele Schweizer. Zwölf Jahre nach Goethe ist der Weltreisende Wilhelm v. Humboldt im Oktober vor dem Schnee der Furka umgekehrt. Doch sind heute die Geleise und Leitungsmasten, denen ich folge, Zivilisationszeichen, die ins Tal hinabführen, auch wenn stundenlang kein Mensch zu sehen ist. Von Zeit zu Zeit habe ich in der wärmenden Sonne ein Kleidungsstück nach dem andern abgelegt. Da ich sie in Ermangelung eines Rucksacks zu tragen gezwungen bin, gehe ich zwar nicht frank, doch frei auf meinem schneeigen Pfad längs der Zahnschiene dahin.

Da ist die Steffenbachbrücke, ich überschreite sie jetzt; tief unter ihr, von Steintrümmern übersät, Lawinentobel, der die Brückenbauer zu dieser federnden Stahlkonstruktion zwang. Die Brücke besteht aus Teilen, die wie Fühler eingezogen werden können, zurück in die Köpfe der Widerlager, wie ich in der Broschüre gelesen hatte; so bleibt sie mindestens sieben Monate im Jahr. Vielleicht morgen schon wird es soweit sein, ich kann gerade noch darüber. Im Mai wird sie wieder zusammengefügt werden. Der Gang über die Brücke ist das einzige Stück meiner Wanderung, das mich schwindlig macht. Die Brücke ist ohne Geländer nur ein schmales waagrechtes Eisengitter, durch das man in die Tiefe durchsieht wie zwischen den Stäben eines Käfigs.

Dann durchgehe ich drei kurze Tunnel – wieder voll Eiszapfen – knapp hintereinander. Sogar an einer Haltestelle namens Tiefenbach bin ich vorbeigekommen, eine in den Fels gehauene Kaverne, die durch keinerlei Siedlung gerechtfertigt scheint, es sei denn durch eine versperrte Materialhütte. Der Schnee bleibt zurück, es beginnen allmählich niedrige Sträucher. Und höre ich nicht in der Ferne einen Hund bellen, das Geblök einer Herde? Das Tal verengt sich; kümmerliches Grün, Unkraut auf Halden,

aber noch immer kein Baum, geschweige denn ein Mensch. Plötzlich bin ich nach einer Biegung vor einem Steinhaufen mit Dach, das aber fast nur aus beschwerenden Steinen besteht. Das Ganze ist eine Aufeinanderschichtung roher Bruchsteine, die Mauselöcher frei lassen: das sollen Fenster sein. Das Leere und Ruinenhafte dieses Bauernhauses – denn das ist es – wird gemildert durch den kleinen Misthaufen davor und eine Quelle, die ordentlich in ein Steinbecken gefaßt ist. Noch immer kein Mensch. Doch steht an der Tür, in der ich mich bücken müßte, »Karl Simmen 11. April 1949« zu lesen. Und auf dem gegenüberliegenden Hang, der tiefgrün in der Sonne leuchtet, grast, wenn auch unbewegt, eine Herde.
Es ist das erste Haus, sofern es diese Bezeichnung überhaupt verdient, im Kanton Uri, oder eigentlich das letzte und höchstgelegene. Schließlich erblicke ich an dem Fahrweg, der von jenem Hang herabkommt, ein Steinmal mit der Inschrift:

Am 14. März 1942 wurden hier durch die
Gehr-Thal-Lawine die fünf
Bürger von Realp begraben:

Simmen Josef	1892
Simmen Aloys	1899
Simmen Karl	1902
Simmen Peter	1916
Renner Paul	1917

Denkmal und Haus präludieren meinen Einzug in Realp, das, kaum habe ich die Enge hinter mir, in einem schlagartig sich öffnenden grünen Talgrund erscheint, anmutig um die spitztürmige Kirche geschart.

Schwäbische Kunde – mit Fragezeichen

Aus dem Schullesebuch hatten wir Uhlands »Schwäbische Kunde« auswendig lernen müssen. Pathethisch taktiert vom Professor, dessen Gesicht in Vollbartschwarz versank, während uns aus seinem Süßholz kauenden Mund entsprechender Geruch anwehte, deklamierten wir patriotisch die Verse von den Schwabenkreuzzügen:

»Als Kaiser Rotbart lobesam / zum heil'gen Land gezogen kam, / da mußt' er mit dem frommen Heer / durch ein Gebirge wüst und leer. / Daselbst erhob sich große Not: / viel Steine gabs und wenig Brot ...«

Viel später hörte ich in einer Matinee des Josefstädtertheaters dasselbe Gedicht, vorgetragen von dem äußerst sensiblen Rezitator Ludwig Hardt, der u. a. Andersen, Kafka und Hamsun sprach, nein, zelebrierte, und zum Schluß folgte die »Schwäbische Kunde«. Nach der ersten Hälfte, die er eintönig und rasch, fast überspringend, las, kam er zu der Stelle, wo »ein Herr aus Schwabenland von hohem Wuchs und starker Hand ... ein gutes Stück hinter dem Heereszug zurückgeblieben«, sich plötzlich von fünfzig türkischen Reitern eingekreist sah. Doch »der wakkere Schwabe forcht sich nit, / ging seines Weges Schritt vor Schritt, / ließ sich den Schild mit Pfeilen spicken / und tat nur spöttisch um sich blicken« (erstes Gelächter im Publikum). Und nun begann des Vortragenden Ton barbarisch wild anzuschwellen: »Bis einer, dem die Zeit zu lang, / auf ihn den krummen Säbel schwang. / Da wallt dem Deutschen auch sein Blut, / er trifft des Türken Pferd so gut, / er haut ihm ab mit e i n e m Streich / die beiden Vorderfüß' zugleich. / Als er das Tier zu Fall gebracht, / da faßt er erst sein Schwert mit Macht« – hierauf der Rezitator mit wütend verzerrtem Gesicht: »Er schwingt es auf des Reiters Kopf, / haut durch bis auf den Sattelknopf, /

haut auch den Sattel noch zu Stücken / und tief noch in des Pferdes Rücken; / zur Rechten sieht man wie zur Linken / einen h a l b e n Türken heruntersinken« (schallendes Gelächter im vollbesetzten Haus, in der Loge neben mir applaudierte Stefan Zweig). Und als Hardt besänftigend ironisch zwinkernd, zu der leise gesprochenen Stelle kam:» Drauf kam des Wegs 'ne Christenschar, die a u c h zurückgeblieben war«, hatte sich der triumphale Erfolg seines Vortrags entschieden. Unter nicht endenwollendem Beifall mußte er das Gedicht wiederholen. Ähnlich lachten seinerzeit gewisse Romantiker über Schillers Gedichte. Die spöttische Abwendung vom tierischen Ernst unserer Schuldeklamation geht mir bis heute nicht aus dem Sinn. Dieser Sinn beherrschte mich auch auf meiner Reise ins Schwabenland, der Heimat Schillers, Uhlands und Hesses. Wie würde es heute mit den Nachkommen jener wackeren Schwaben ausschauen? In Stuttgart-Cannstadt sah ich vom Zug aus gedrängt die weiße Flotte der Neckarschiffahrt auf Passagiere warten, weiter oben die großen Lastkähne flußauf ziehen, und in Esslingen wartete meiner die erste Enttäuschung: kein Quartier zu bekommen. In der lebhaften, auch von Fremdarbeitern überfüllten Industriestadt wurde ich von Hotels zu Gasthöfen geschickt und hörte aus den freundlichen Abweisungen kaum Schwäbisches heraus. Als man mich an einen Gasthof außerhalb der Stadt verwies, wo ich todsicher ein Zimmer erhalten würde, verzichtete ich ermüdet, wohl wissend, daß sicher nur der Tod ist. Letzte Hoffnung: der Bahnhof. Der Fahrdienstleiter telefonierte entgegenkommend nach Reuttlingen, und ein Zimmer ward mir zugesichert.

Im Zug dorthin schlummerte ich, erschöpft wie ich war, ein. Als ich die Augen öffnete, erschrak ich ein wenig: mir gegenüber saß Hermann Hesse, der Nobelpreisträger Hermann Hesse, der vor zehn Jahren gestorben war ... Ich rieb mir die Augen. War er, um seine Heimat wiederzusehen, auferstanden? Geistig wohl, aber in Amerika, wo kürzlich die Studenten seinen »Steppenwolf« entdeckt hatten und zu Riesenauflagen führten. Er saß da, ein mächtiger Mann, ernst und würdig, übereinandergeschlagene Beine, scharfe Bügelfalten, gediegene Schuhe und Kleidung, und das markant profilierte, glattrasierte Gesicht, tief gebräunt, verschwand zeitweise hinter einer Zeitung. Es war die großformatige »Esslinger Zeitung«, deren Kulturformat, von einem jungen Redakteur betreut, auch groß war, wie ich mich in Esslingen bei der Lektüre hatte überzeugen können. Noch immer traute ich meinen Augen nicht. Unbewegt saß Hesse da, sehr distanziert, keines Menschen achtend. Ich hielt die Hand vor die Augen, um der Vision zu entgehen. Als ich in einer der vielen Stationen, die alle auf -ingen endigen, nach einem Halteruck des Zuges die Hand von den Augen nahm, war er verschwunden. Ich eilte zum Fenster, aber er blieb unter den Aussteigenden unsichtbar.

In Reutlingen erhielt ich das bestellte Zimmer und verfiel einem unruhigen Schlaf mit unheimlich schönen Träumen, in denen mir Hermann Hesse, traurig fahlen Gesichts, wieder erschien. Er ging lebhaft auf und ab, trat hie und da vor sein Stehpult und schrieb wie fiebrig entweder am »Peter Camenzind« oder am »Steppenwolf«. Dazwischen hörte ich das unnachlassende Rollen der Züge, der vielen langen Züge, die Schwabens Industrielandschaft Tag und Nacht durcheilen.

Am Morgen erinnerte ich mich des bekannten anonymen Gedichts von der kleinen »schwäbischen Eisebohne, wo derf net mit, has hat ne Fohne, sonst könnte me im Wage gerbe und Verschiedenes verderbe ... und mit der emol e Bäuerle samt sein' Ziegenbock hat fahre wolln ...« Als ich nach einer solch kleinen Bahn fragte, schließlich war ich ja auch deshalb gekommen, lachte man herzlich und empfahl mir, ein Stück nach Nürtingen zurück zu fahren und dort in die kurze Lokalbahn, ehemals Privatbahn, nach Neuffen umzusteigen: »Neuffen, kleine alte Ausflugsstadt schon mehr in den Bergen der Schwäbischen Alb«.

So sagte man, aber wieder nicht recht schwäbisch. War ich der einzige, der in Reuttlingen, dieser literaturfreundlichen Buch- und Bildungsstadt, das Schwäbische wenigstens nachzuahmen versuchte? Gesagt, getan, umgestiegen in einen wartenden Zug, der zwar klein, aber normalspurig war und alsbald losratterte. Pfeifen, voller Schuljugend und scheppernder Milchkannen, die der Kondukteur lachend verlud. Eine Schar Knaben mit Ranzen

am Rücken umdrängte mich und wollte allzulaut wissen, wie ich heiße, wer ich sei und wie alt ich sei. Um endlich Ruhe zu haben, sagte ich: »Goethe, neunundneunzig Jahre alt.«
Unbeschreibliches Gelächter. Und was ich in Neuffen suche? Den Bahnhof, antwortete ich. Das freundliche Gelächter wurde noch unbeschreiblicher. »Aber wir dürfen Ihnen die Stadt zeigen, ja?« drängten die gutgekleideten Rangen, und ich sagte es ihnen zu. Unter endlosem Verschieben mit den angehängten Lastwaggons, was uns alle durcheinanderrüttelte, kamen wir im breiten Talgrund nach neun Kilometer Fahrt, die eine halbe Stunde dauerte, längs einer autoreichen Asphaltstraße zum Endbahnhof Neuffen. Ich machte mir natürlich die unvermeidliche Geleiseskizze. Mir zuschauend, verstummte man erstaunt. Ihre gewisse Zudringlichkeit hielt sich in wohlerzogenen Grenzen, als ich, von ihnen umringt, in das Städtchen kam. Es abschätzig ein Nest zu nennen, wäre nur insofern zutreffend, als es innerhalb seiner Stadtmauerreste wirklich rund wie ein Nest war, geborgen am Fuß eines tafelbergartigen Einzelkegels samt Burgruine Hohenneuffen. Sie schaute im Heimatdichterstil »gar trutzig herab«. Außerhalb reiche Industrie, innerhalb stellenweise dörfisch, mitten im Städtchen noch Bauern mit dampfenden Misthäufchen vor dem Tor, ein Gedränge altertümlicher Giebelhäuser, viel Fachwerk. Meine jugendlichen Begleiter überstürzten sich in Erklärungen und Jahreszahlen, wohl stolz auf ihr Schulwissen. Davon merkte ich mir nur, daß Neuffen rund wie ein Apfel wäre, den man in der Mitte auseinander geschnitten habe, und der Obere und Untere Graben, das winzige Bächlein da, teile es in zwei gleiche Hälften. Sie zeigten mir ein altes Wappen mit »Nifen Stadt 1231« und darunter drei Posthörner. Sie wollten mich auch zum Bahnhof zurück begleiten, aber als ich ihnen in einer Konditorei, die nach warmen Brezeln roch, einiges spendierte, ward ich sie los. Ich hatte nicht umhin gekonnt, zu bemerken, daß ihre Sprache nicht gerade schwäbisch klinge, aber sie seien doch wohl hier geboren?
»Wir schon, aber nicht unsere Eltern, die sind aus Böhmen und Mähren!«
 Im Bahnhofbuffet hörte ich auch aus des Wirtes Sprache her-

aus, daß er ein Zuagraster sein müsse, sagte aber nichts dergleichen. Auf der Rückfahrt fiel mir auf, daß die Laderampen unmittelbar am Hauptgleis standen, was in Österreich Kopfschütteln hervorrufen würde. Im Triebwagenzug neben dem Motorführer stehend, erfuhr ich von ihm, daß er aus Komotau stamme und noch vor ein paar Jahren bei den tschechoslowakischen Staatsbahnen Dienst gemacht habe. Wieder in Esslingen, fragte ich in Drogerien und der Apotheke nach echten Schwaben, ich fände sie nicht, die schwäbische Kunde. Einigermaßen überrascht, dachte man nach, rätselte hin und her, und nannte mir endlich zwei Namen, die alten Herren Koch und Schwob.
»Na, wenn Herr Schwob kein echter Schwab ist«, sagte ich.
Man zeigte mir bereitwillig die Häuser, wo sie wohnten, sie standen dunkel mit hochgedrängten Giebeldächern an dem großen abschüssigen Platz mit Rathaus und zwei wie willkürlich hingebauten Kirchen. Aber es kam wieder zu nichts: Herr Koch, ehemals geprüfter Huf- und Wagenschmied, längst in Pension, sei wiedereinmal weit verreist – »Ins Heilige Land?« wollte ich anzüglich wissen –, und Herr Schwob sei auch verreist, wahrscheinlich nach England, dort wäre er geboren.
»Suchen Sie doch den Heimatforscher auf«, sagte man mir, »den Mittelschulprofessor, der Vorträge über Esslingens Geschichte hält, muß wohl ein echter Schwab sein – wie heißt er denn nur...«
Man machte ihn ausfindig, telefonierte und stellte ein Rendezvous mit ihm her. In einer der vielen dämmerigen Bierstuben traf ich den urbanen kleinen Herrn mit großer Glatze. Gestenreich legte er mit seinem Wissen los. Esslingen hat 1802 im Frieden von Lunéville die unmittelbare Reichszugehörigkeit verloren und ist württembergisch geworden, und das war den Esslingern gar nicht recht; damals zählte die Stadt nur 7000 Einwohner, heute 90 000, riesige Industrie, Textil, wichtige Eisenbahnwerkstätten, Lokomotiv- und Waggonbau, größte Bevölkerungsdichte Deutschlands, das schwäbische Ruhrgebiet. Kaum noch Zwiebelbau, früher aber sehr viel Zwiebelbau, weshalb die Esslinger den Spitznamen Zwieblinger führen. Auch Flößer gebe es keine mehr; die moderne Neckarschiffahrt gehe bis nach Plo-

chingen hinauf und der Stuttgarter Hafen werde mächtig ausgebaut, fast bis nach Esslingen herauf reicht er. Ja, von den Flößern, da hätte ich noch die urwüchsigen Ausdrücke gehört, etwa wenn sie an eine scharfe Flußbiegung kamen: »Jockele, sperr! Es geit en Ellenbogen!«
»Endlich echt schwäbisch!« rief ich erleichtert aus. »Lang hats gedauert, bis ich einen echten Schwaben, wie Sie einer sind, gefunden habe!«
»Bin gar keiner.«
»Was? Sie auch nicht?«
»Aus Nikolsburg bin ich, Deutschböhm, genauer Südmährer.«
Ich schlug die Hände zusammen. Es stellte sich heraus, daß er 1945, am Ende des Krieges vor dreißig Jahren, aus der Tschechoslowakei vertrieben wurde und wie so viele andere hier eine zweite Heimat gefunden haben. Eine richtige Völkerwanderung. »Die hat auch in Wien, so lange es steht, nie aufgehört«, warf ich ein. Angekommen war er zerlumpt, halbverhungert, ganzes Gepäck eine Aktentasche. Schwer war der Anfang auch hier, alles zerbombt, »große Not, viel Steine gabs und wenig Brot«, zitierte er Uhland. Heute haben sie ein eigenes Haus, zum Teil selbst gebaut, drüben jenseits des Neckars in der hochgelegenen Zollberg-Vorstadt, Söhne, Enkel, zwei Autos. Er schloß: »Und was haben die, die uns hinausgeworfen haben und in unseren Häusern sitzen?«
»Ja, tüchtig sind die Sudetendeutschen«, sagte ich, »tüchtig sind die Zuagrasten!«
»So sagt man in Österreich«, entgegnete er. »Hier heißen wir die Reing'schmeckten.«
»Ihr Sudetendeutschen seid ja reiselustig wie die ›wackren Schwaben, die sich nit forchten‹! Bis in die Theißebene sind sie ausgewandert, und in Ungarn heißen alle Deutschen Schwaben, und unter Kaiser Rotbart lobesam sind sie sogar bis ins Heilige Land gezogen ›mit dem frommen Heer, durch ein Gebirge wüst und leer‹ und haben sich allerhand Schwabenstreiche geleistet...«
Und ich versuchte des Rezitators Hardt drastische Ausdrucksweise nachzuahmen. Wir amüsierten uns königlich, will sagen präsidentlich, sofern die Präsidenten Humor haben.

»Glauben Sie mir«, sagte er, »das berühmte deutsche Wirtschaftswunder wäre ohne uns Reing'schmeckten Deutschböhm nicht zustandegekommen.«
»Davon bin ich überzeugt!« Ich gedachte des genialen, zu Unrecht vergessenen Wieners Robert Müller, er hatte sich wie so viele österreichische Dichter das Leben genommen, er, der mein erster Förderer und großer Freund gewesen war und in seinem Roman »Flibustier«, in der Schieberzeit nach dem Ersten Weltkrieg spielend, von den Deutschböhmen gesagt hatte: »... eine der zähesten Rassen, die es geben mochte, mit einem versteckten lohenden Ehrgeiz, wie ihn die germanisierten slawischen Völker oft besitzen ... voll oft lächerlichem Ernst und einer heidnischen Lebensbereitschaft, wie sie keine andere deutsche Art mehr besitzt.«

Über Nacht heimkehrend, den Ring der -ingen Orte verlassend, wieder im Gedonner der endlos überfüllten Züge, sagte ich mir: Es gibt keine Uhlandmenschen mehr, wie es auch keine Stiftermenschen mehr gibt.
Schwäbische Kunde? Mir ward sie nicht.

Auf einer kleinen Station

Durch den Landregen zum Abbruch des Ausflugs gezwungen, durchnäßt bis auf Hemd und Haut, und in Schuhen, darin bei jedem Tritt das Wasser gluckste, eilten wir, mißmutig über das vorzeitige Ende der so freudig begonnenen Tour, von den Bergen herab durch den Ort und weit hinaus zur Bahnstation, hoffend, alsbald einen Zug zu erreichen, der uns rasch nach Hause bringen würde.
Die Station lag einsam und allein am Waldrand, die Fenster verhängt, und auch der grüne Vorhang am Kassenschalter verschloß uns den Blick ins Innere der Kanzlei, wo vielleicht ein Beamter schlafen mochte. Auf unser Klopfen und Rufen rührte sich nichts. Es war so dunkel in dem kleinen Warteraum, daß wir den Fahrplan nur mit Mühe entziffern konnten. Er tat uns kund, daß der nächste und letzte Zug erst in drei Stunden ging. Was tun? Zuerst einmal Zigaretten angezündet. Dann Sturm auf den Automaten, das heißt, wir hingen unsere triefenden Rucksäcke, Mäntel und Sakkos an den hervorstehenden Drükkern auf. Allmählich an die Dunkelheit gewöhnt, unterschieden wir zwei abgewetzte Holzbänke, einen Spucknapf, eine spinnwebverzierte Petroleumlampe, eine Pendeluhr, deren Perpendikel reglos hing, aber auch wenn sie gegangen wäre, hätten wir sie wohl nicht gehört, so laut trommelte der Regen seinen eintönigen Rhythmus auf das Dach. Schließlich entdeckten wir ein eisernes Öfchen. Sofort begann uns zu frösteln.
Aber da ein Stoß Brennholz und ein Kübel voll Kohle vorhanden war, griffen wir nach einem Schluck aus der Kognakflasche zur Selbsthilfe und machten mit Feuereifer Feuer an. Es dauerte gar nicht lange, bis das Öfchen glühend wurde und roten Schein verbreitete, der sogar die Plakate an den Wänden leserlich machte. Indem wir uns ungeniert der Schuhe und Strümpfe ent-

ledigten, um sie trocknen zu lassen, und Reservesocken aus dem Rucksack anzogen, studierten wir mit einigermaßen verdrehtem Kopf als erstes eine peinlich kalligraphierte Handschrift, die besagte:
DAS TABAKRAUCHEN, DAS LÄRMEN, SINGEN UND MUSIZIEREN, DAS WEGWERFEN JEGLICHER ABFÄLLE SOWIE DAS FREIE AUSSPUCKEN IST HIER STRENGSTENS VERBOTEN!
Zu spät! Da wir schon das Rauchverbot übertreten hatten, übertraten wir auch ein paar folgende Verbote: wir begannen zu lärmen, zu singen und mangels eines vorhandenen Aschenbechers unsere Zigarettenstummel wegzuwerfen. Aber warum war nur das Tabakrauchen verboten? Dieses Stationchen hat sichtlich zwei Weltkriege überdauert, wo man zufrieden sein mußte, Kastanienblätter rauchen zu können und unter Geknister alles vollstank – und das war nicht verboten.
Und es gab noch andere Kundmachungen an den Wänden, mit deren Lektüre wir uns die Zeit zu vertreiben begannen. Alte Eisenbahnschienen wurden da offeriert, 17 Groschen das Kilo, und wenn man 10 000 Kilo kauft, braucht man nur 15 Groschen je Kilo zu bezahlen. Wie billig! Das Datum darunter ist vom 15. Mai 1931, ja, gut vierzig Jahre ist es her, damals scheint der Mai noch ein Wonnemonat gewesen zu sein ...
DAS BETRETEN DER BAHNHOFRÄUME OHNE GÜLTIGEN FAHRAUSWEIS WIRD MIT 1 S (EINEM SCHILLING) BESTRAFT!
Nun, das hätte man draußen anbringen müssen, damit man rechtzeitig gewarnt werde; hier drinnen kommt es zu spät, und da sich auch der Kassenschalter innerhalb der Bahnhofsräume befindet, dürfte man, die Vorschrift genau befolgend, nicht einmal bis zu dem Kassenschalter vordringen ... So philosophierten wir stumpfsinnigerweise, und das ist aus den gegebenen trostlosen Umständen wohl verständlich.
Es gab noch andere Warnplakate, eine WARNUNG VOR DER TUBERKULOSE, datiert vom Mai 1905, ja, damals grassierte sie noch, das war wieder kein Wonnemonat, und eine Warnung vor dem Alkohol, Datum unleserlich:

GEISTIGE GETRÄNKE, BESONDERS SCHNAPS SIND NACH TUNLICHKEIT ZU VERMEIDEN. AM BESTEN IST BIER IN GERINGEN MENGEN.

Schnell noch einige tüchtige Schlucke aus der Kognakflasche! Belustigt und erwärmt, stimmten wir in Stumpfsinn exzessierend, das Lied an: »Mir trinken ja kan Alkohol, mir trinken nur an Wein ...« Endlich entdeckten wir noch ein Inventarverzeichnis an der Wand, und da war in fein säuberlichen Rubriken zu lesen:

Anzahl	Bestimmungswort	Schlagwort	Nähere Bezeichnung
1 (ein)	Ofen	Sitz	Eisen
2 (zwei)	Bänke	Spuck	Hart
1 (ein)	Napf	Heiz	Email

Und da legten wir uns so auf die Zwei-Bänke-Sitz-hart, daß wir, die Füße nahe beim Ein-Ofen-Heiz-Eisen, bequem in den Ein-Napf-Spuck-Email spucken konnten. Aller Mißmut war verflogen. Mochte der Regen eintönig trommeln, wenn nur die Scheite im Ein-Ofen-Heiz-Eisen knackten. Und auch wenn wir einschlafen sollten, was machte es aus! Wenn der Zug auch irgendwo in den Wäldern stecken geblieben ist, so wird der Kassenbeamte wohl kommen und uns wecken, schon darum, um von uns die Strafgelder für das Betreten der Bahnhofräume zu kassieren.

So, sieghst es

Diese Geschichte besteht im Eigentlichen nur aus drei Wörtern. Sie stehen schon im Titel. Und sie sind mir im Laufe der Zeit zu einem Wort geworden, einem einzigen, im Dialekt eingängig klingenden Wort: »So-sieghst-es!«

Es war vor Jahren in Osttirol, im zur Abfahrt nach Wien bereiten Nachtschnellzug, und ich hatte mir ein Billett erster Klasse besorgt, hoffend, im geräumigen Abteil allein zu bleiben. Schon zum Schlaf ausgestreckt, hörte ich plötzlich die Tür sich öffnen, ein Kofferniederstellen und eine ziemlich atemlose weibliche Stimme sagen: »So, sieghst es.«

Es klang kurz, tonlos, aber offenbar befriedigt darüber, noch Platz genug vorzufinden. Aus halbgeschlossenen Augen unterschied ich in dem verhängten Deckenlicht zwei Personen: Eine Frau unbestimmten Alters, immerhin noch jung, und einen alten, schweren Mann, der sich nur ungefüg bewegen konnte. Sie hob die zwei Koffer ins Gepäcknetz und sagte erleichtert: »So, siehgst es.«

Dann half sie dem Weißhaarigen und Schweigsamen sich niedersetzen, beruhigend »So sieghst es« sprechend. Hierauf ordnete sie die freien Sitze zu einem Ruhebett für den Alten, der ihr Vater oder Großvater sein mochte, das blieb in der schattenhaften Dämmerung des Abteils ungewiß, und legte ihn sanft nieder, ihm ein mitgebrachtes Kopfkissen unterschiebend. Dabei wiederholte sie in verschiedenen Variationen, bald kürzer, bald musikalisch langgezogen, und immer liebevoll ihr »Sooo, sieghst es!« Schließlich bedeckte sie ihn mit einer ebenfalls mitgebrachten Reisedecke, strich sie sorgsam glatt, setzte sich zu ihm, seinen Kopf streichelnd, und fuhr fort, in Abständen mehrmals wie eine schöne Melodie zu wiederholen: »Soo, sieghst es . . .«

Das stets gleiche Wort, in immer anderer Variation vorgebracht,

verriet ihre Spracharmut, aber ihren Gefühlsreichtum, während der alte Mann, gewiß dankbar, ja – wie ich spürte – gerührt, nach wie vor kein Wort sagte; wahrscheinlich mußte er seine Stimme schonen. Der Ton der Frau war es, der die Musik machte, und die bewundernswerte Modulierung dieser einfachen, ja primitiven Worte ließ mich an den extremen Gegensatz mancher dichtenden Sprachvirtuosen denken, deren stupender Wortreichtum, weil er des menschlichen Gemüts ermangelt, letztlich kalt läßt. Hier aber vermochte mich ein gewöhnlicher Mensch, eine Frau, wie es wohl viele gab, mit ihrem »So-sieghst-es« zu erwärmen, und lächelnd schlief ich ein.

II. Teil
. . . UND ES IST NOCH

Dampftramway
Stammersdorf

Die Entdeckung Stammersdorfs

Nach Stammersdorf gehts ja, aber dann zieht sich der Weg. Amerika wurde 1492, wahrscheinlich schon viel früher entdeckt, Stammersdorf erst um 1900. Das war, als man die Dampftramway hinaus gebaut hatte. Damals schrieb Eduard Pötzl:
»Es war mir kürzlich gegönnt, nach Stammersdorf im Marchfeld zu reisen, nachdem ich lange schon die Absicht, dieses von den Bewohnern des Länderstrichs diesseits der Donau so selten betretene Gebiet zu durchforschen, in mir herumgetragen hatte ... Ein Reisender, der von Stammersdorf kam, hatte auf meine Frage bloß die Antwort: ›Ui Jessas!‹ Als ich weiter in ihn dringen wollte, wehrte er ab und sagte: ›G'horschama Diena!‹ Was die Konfiguration des Landes betrifft, so ist sie flach wie ein Bügelbrett, sozusagen eine Ebene. Kleine Bodenerhebungen auf unserem Weg schienen mir künstliche zu sein. Dies bestätigte sich: es waren kopfgroße Steine, welche von biederen Eingeborenen auf die Schienen der Dampftramway gelegt worden waren ... Von den Bodenschätzen wäre als merkwürdigstes Produkt die reiche Anzahl alter Stiefel hervorzuheben, welche ich auf Feldwegen sowohl als auch in ausgetrockneten Gräben zu Tage liegen sah. Was die lokale Literatur betrifft, so beherrschen die Fahrpläne der Dampftramway dieses Gebiet vollständig. Weitere Rekognoszierungen wurden uns Reisenden durch die Freundlichkeit des Kondukteurs erspart. Bei jeder Haltestelle stieg der gute Mann aus und rekognoszierte bedächtig die ganze Gegend. Erst wenn ihm alles sicher genug vorkam, gab er das Zeichen zum Weiterfahren ...«
Soweit Eduard Pötzl in seinem »Herr Nigerl und andere humoristische Skizzen«, die in 18 Bänden gesammelt wurden und mit einem Vorwort von Rosegger zu Literaturehren aufstiegen.
Ähnlich sarkastisch drückt sich ein witziger Anonymus aus, der

in einem Kaufmannskalender von 1908 schrieb: »Ich muß offen gestehen, wenn mich jemand fragte, ob ich ihm den Weg um diesen Teil des 21. Bezirkes, ungefähr 20 Kilometer lang, als Spaziergang empfehlen könnte, so würde ich das aus gewissen Gründen nur dann tun, wenn ich hinreichende Garantien dafür hätte, daß ich zeitlebens nie mehr mit dem Fragesteller zusammenkäme ...«

Meine Entdeckung Stammersdorfs fiel in die Kinderzeit, als wir zum Besuch eines dortigen Onkels mit der Dampftramway in einer Dreiviertelstunde hinausfuhren. Später wurde sie durch die elektrische Straßenbahn ersetzt, jenen 331er, mit dem man heute kaum schneller dort ist. Zuletzt gehts über Floridsdorf auf eigener schnurgerader Fahrbahn immer längs der breiten asphaltierten Brünnerstraße. Letzte Stadthäuser, Fabriken, Tankstellen, Würstelstände, links der Fußballplatz »Nord-Wien«, rechts ein großes Heeresspital, schon mit kargen Äckern dazwischen. Nach Stammersdorf gehts ja, wie gesagt, aber dann zieht sich der Weg: für den, der weiter ins Hinterland hinaus will. In Stammersdorf beginnt im Anschluß an die ehemalige Dampftramway und heutige Elektrische eine Bahn, eine Lokalbahn, wie sie sich nur noch in den entlegensten Gegenden des Waldviertels hält. Sie stellt – Stammersdorf ist längst eingemeindet und als 21. Bezirk der nördlichste – ein einmaliges Wiener Kuriosum dar. Stammersdorfs Bahnhof ist der einzige Wiens, wo es nur drei Geleise gibt, wo die sieben Weichen noch mit der Hand gestellt werden, und er ist der einzige Österreichs, wo der Zug auf dem Magazinsgleis abfährt und ankommt, eine Praxis, die sonst überall, außer jeder Diskussion stehend, absolut verpönt ist. All das paßt zu jenen Gefilden, wie sie Pötzl geschildert hat.
Die Gegend hat sich im Grund wenig verändert. Ungeachtet der Wienzugehörigkeit ist Stammersdorf das alte Weindorf unweit des Bisamberges geblieben – den uns Pötzl unterschlägt. Ist über Stammersdorf und den Bisamberg nicht Eichendorff in Begleitung seines treuen Dieners Schöpp gewandert, hinüber ins Schloß Seebarn der Grafen Wilczek, und hat er sich nicht an der harmonischen Landschaft der Kulturen erfreut? Auch heute noch

sind fast alle Häuser Stammersdorfs ebenerdig und jedes zweite mit dem Ausg'steckt-Buschen ein Heuriger. Man wird aber auch einen Alten bekommen, wenn man »a Virl Oin« verlangt, ohne wie Pötzl, der die Stammersdorfer des Kannibalismus verdächtigte, befürchten zu müssen, ein Viertel Alten vorgesetzt zu bekommen, einen Viergeteilten jener vielen Alten, welche mit Schürzen vorn und Butten hinten die Kellergassen Stammersdorfs bevölkern. Es ist nicht recht Land und schon gar nicht recht Stadt, jene Kompromißlandschaft geblieben, die als Unschönheit empfunden wird und einem erst nach Weingenuß als Schönheit erscheint. Hier wird eben die Literatur nach Litern gefördert. Und was früher als Fehler Stammersdorfs angesehen wurde, seine provinzlerische Zurückgebliebenheit, ist heute sein Vorzug: kein Hochhaus, kein Modestil, keine Glas- und Betonprotzerei.

Die einzige Veränderung, die Stammersdorf hat mitmachen müssen, ist im Straßenverkehr zu merken. aus den Pferde- und Ochsenfuhrwerken sind Autos geworden, nichts als Autos, PKW und LKW, wie es im Abkürzungsjargon heißt. Besonders zu den Wochenenden und zur Weinlesezeit ist Stammersdorf überrrollt und übervölkert von jenen weinlüsternen Wienern, die in Stammersdorf das Grinzing des Marchfelds entdeckt haben. Nur eines haben sie nicht entdeckt, jene Lokalbahn, obwohl sie an ihr, die ihnen an der vielbefahrenen Brünnerstraße vor der Nase liegt, direkt vorbeimüssen, ob sie nun per Auto oder Straßenbahn kommen. Es gibt einen großen Platz namens Bahnhofsplatz, und groß steht »Bahnhof Stammersdorf« am Stationsgebäude zu lesen, obwohl es klein ist, es fehlt nicht an Lademagazinen, am Heizhaus und an riesigen Bretterstapeln, die angekommen sind oder befördert werden sollen usw. Aber welche Menschen können ihre Augen gebrauchen? Immer wieder heißt es der Blinden gedenken, die versichern, sie würden uns sogenannten Sehenden erst das Sehen lehren, sobald sie ihr Augenlicht wieder zurückkriegten. Ja, ich habe unlängst an der Bahnstrecke drei Meilen hinter Stammersdorf einen Anrainer kennen gelernt, der fest und steif behauptete, die Bahn sei längst eingestellt, so verblendeten ihn die Pkw und Lkw seines Autounternehmens. Im Gegensatz zu solcher Sturheit steht als Trost und Hoffnung die Fotografierlust junger Leute, die man immer wieder Aufnahmen von der Bahn machen sieht, junge Leute, das ist zu betonen, weil man allgemein behauptet, nur alte Leute hätten noch Interesse an der Bahn. Und noch etwas Einzigartiges hat die Stammersdorfer Bahn: anfängt bzw. endet sie sozusagen in der Luft hängend. Sie hat keinerlei Verbindung mit dem unweiten Wiener Bahnnetz.

Warum das so ist? Man erzählt, daß die Initiative zum Bahnbau – erster Zug im Jahre 1903 – von den Bauern des Marchfeldrandes und den Weinbauern des mit Hügeln anschließenden Weinviertels ausging. Die Bahn sollte ihnen zum günstigeren Absatz ihrer Landesprodukte dienen. Da aber die Landleut, die ja »bekanntlich« alle zusammenhalten, den Stammersdorfer Pferdefuhrwerkern das Geschäft nicht verderben wollten – so erzählt man, obs wahr ist oder nicht –, ließen sie in schöner Eintracht die Bahn in Stammersdorf enden, damit die Fuhrwerker die Waren wenigstens das letzte Stück über Floridsdorf in die Wienerstadt hineinbringen konnten.

Jedenfalls ergibt sich die einzigartige Groteske, daß, wer etwa Frachtgut oder einen Waggon von Stammersdorf nach Bahnhof Floridsdorf (Nordbahn), der nur 2½ Kilometer südlich liegt, aufgeben wollte, oder nach Bahnhof Strebersdorf (Nordwestbahn), der nur 2½ Kilometer westlich liegt (Stammersdorf, Floridsdorf und Strebersdorf innerhalb desselben 21. Bezirkes!) – daß dieses Gepäck oder dieser Waggon in beiden Fällen einen Bahnumweg von 71 Kilometern (über die Rangierstation Groß-Schweinbarth weit draußen im Weinviertel und die Hauptbahnanschlußstation Gänserndorf weit draußen im Marchfeld) machen müßte.

Den Gemischten Zug Abfahrt 14.05 benützend, weil der als einziger noch mit Dampf geht und der langsamste ist, befinde ich mich unter lauter Heimkehrenden: Schulkinder, den Mund voll Kaugummi, zigarettenrauchende Teenager höherer Lehranstalten, ältere Frauen, die in der Stadt Besorgungen gemacht hatten, und schläfrige Weinbauern mit Schürzen oder in Overalls,

ausruhend von den städtischen Strapazen. Man wartet noch eine Straßenbahn ab, vielleicht kommen mehr Reisende hinzu. Und in der Tat keuchen drei herbei, altmodisch gekleidete Männer, schon von weitem als biedere Rentner zu erkennen, mit Rucksäcken voll leerer Weinflaschen klirrend, Hamsterer, die mit vollen Weinflaschen am Abend zurückfahren werden. In dieser Gegend ist ja der Wein viel billiger als anderswo. Auffallend ist, daß das Reisepublikum ziemlich jung oder ziemlich alt ist, daß die dazwischen liegende Generation fehlt, am auffallendsten aber scheint zu sein, daß sich ein solcher wie ich einer bin hereinverirrt hat. Offenbar ein Ausflügler, wie er auf allen andern von Wien ausstrahlenden Bahnen selbstverständlich ist, werde ich hier als Wundertier bestaunt und von den Eisenbahnern mehr oder weniger respektvoll gegrüßt und behandelt. Auf der Westbahn bin ich nichts, auf der Franz Josefsbahn und der Südbahn bin ich nichts – hier bin ich wer, hier bin ich was.
All das und das Folgende wird hier so eingehend geschildert, weil es stellvertretend für alle Lokalbahnen steht. Fahren wir überhaupt schon? Noch nicht ganz. Zwar sind zwei Personenwaggons schon voll, die zwei andern aber, weil versperrt, leer, und die hinten angehängten Lastwagen, ob die voll oder leer sind, wird wohl erst die schnellere oder langsamere Fahrt zeigen. Sie kann erst losgehen, nachdem der Eisenbahner mit der roten Fahne gemächlich vorausgegangen ist. Er hat die unweite Straßenkreuzung abzusichern, damit die Autos nicht in den Zug hineinfahren oder umgekehrt. Und jetzt gehts wirklich los. Vorher fegt ein Straßenkehrer schnell noch das Geleise frei.
Das ehemalige Dampftramwaystationsgebäude (heute Brünnerstraße 241) samt Trafik fast streifend, schleichen wir laut pfeifend auf die Straßenkreuzung zu, wo der vorausgegangene Eisenbahner, die angesammelten Autos aufhaltend, schützend die Arme ausbreitet in der Rechten die rote Fahne, in der Linken nichts, im Mund ein freundliches Lächeln. Das gilt mir, und ich lächle zurück. An zwei Gasthäusern und an den letzten Häusern von Stammersdorf vorbei geht es unter dauerndem Gepfeife nach wie vor nicht viel schneller als im Schrittempo. Und dann wird es noch langsamer. Die Strecke steigt, noch immer zu Sei-

ten der Brünnerüberlandstraße, die zwischen ihren Alleebäumen etwas tiefer bleibt, ins Marchfeld hinauf. Das ist die erste Überraschung, daß es ins Marchfeld steil hinauf geht. Die zweite Überraschung folgt zugleich. Zum Fenster hinausgebeugt, schaue ich zurück, aber von Wien ist nichts zu sehen, wohl aber sehr viel vom fernen Schneeberg, der in seiner ganzen weißen Pracht den südlichen Horizont begrenzt.

Nach einem Kilometer Fahrt passieren wir, schon zwischen Feldern uns von der Brünnerstraße abwendend, die Wiener Gemeindegrenze. Froh darüber, daß wir Wien hinter uns haben, wird das Tempo schneller, aber noch immer nur halb so schnell als das der Straßenbahn. Die Strecke verläuft nun ein Stück eben, aber da die auslaufenden Bodenschwellen vom nahen Bisamberg und seiner Verlängerung her zu queren sind, gibt es weiterhin dauernden Wechsel von sanften Steigungen und Gefällen. Links nichts als Feldstreifen sacht zum Hügelzug hinauf, rechts nichts als Feldstreifen sacht zum Marchfeld hinab, und dahinter am östlichen Horizont, dank dem klaren Tag zum Greifen nahe erscheinend, die dritte Überraschung: der blaue Bergzug der Slowakischen Karpathen.

Folgen wir nicht, das Marchfeld tangierend, so ziemlich genau der großen europäischen Scheidelinie zwischen West und Ost? Es ist die Florengrenze unweit der Versteppung, die Faunagrenze und die Klimagrenze. Hie westeuropäisch-atlantisch, hie osteuropäisch-pontisch, eine geographische Grenze, welche die geschichtliche Grenze bedingt, eine menschheitliche Schicksalsgrenze. Es fängt das Sarmatische an. Hier laufen die großen Ebenen Rußlands, ja Zentral- und Ostasiens aus (diese natürliche Hindernislosigkeit begünstigte das Vordringen der Mongolen und Avaren, welche die Slawen in Nord- und Südslawen trennten). Bis hierher und nicht weiter kamen die Magyaren und die Türken. Hier sind wir der großen slawischen Welt benachbart, dem Eurasischen.

Noch sind die Ortsnamen rein deutsch und zumindest ebenso schön wie die im vielbesuchten Westen und Süden. Die Stationen und Haltestellen, in der leeren Ebene schon von weitem an der sie dicht umhüllenden Baumgruppe zu erkennen, heißen Hagenbrunn, Königsbrunn-Enzesfeld, Groß-Ebersdorf, Eibesbrunn, Obersdorf, Pillichsdorf (mit imposanter, reich silhouettierter Kirche direkt an der Bahn), Groß-Engersdorf, Bockfließ, Auersthal. In manchen Dörfern kann man vom Zug aus den Bewohnern über die schmalen Vorgärten hinweg in die Fenster, Küchen und Mägen schauen. Der Wiener kennt all die Orte nichteinmal dem Namen nach, obwohl sie nicht weiter liegen als Klosterneuburg und Greifenstein, Purkersdorf und Tullnerbach, Perchtoldsdorf und Mödling, und die kennt jedes Kind. Der Himmel ist größer, das Wetter kontinentaler, die Menschen einfacher, die Lebensformen naturnäher, die Bauformen Kolonialstil, es ist halbasiatisch.

Beeinflußt von Pötzls sarkastischen Schilderungen, suche ich nach üblen Tümpeln und in den Gräben beiderseits der Bahn nach den »Bodenschätzen in Form von reicher Anzahl alter Stiefel«. Doch finde ich nichts dergleichen. Vielleicht bedeckt sie an diesem schönen Frühlingstag die Überfülle abgefallener Akazienblüten, vielleicht verdrängt der betäubende Duft der uns begleitenden Akazienhecken – Ahnung Ungarns, das im Frühjahr ein einziger Akazienrausch ist – allen andern Ausdunst. Transportable hölzerne Schutzgatter sind langhin aufgerichtet, im Winter in der preisgegebenen Weite gegen die Schneeverwehung unerläßlich. Verbrannter Rasen, und die Haufen von Scherben, Sand und alten Ziegeln sind die Überreste noch unlängst verfallender Stationsgebäude, als die Einstellungspsychose auf dem Höhepunkt war. Fenster und Türen waren mit Brettern vernagelt, das Siechtum der Bahn verkündend, allein die W. C. waren keine Ruinen und weit geöffnet – aber der Duft der Akazien hatte gesiegt ... In Hagenbrunn hatte man längst das zweite Gleis und auch die hölzerne Haltestellenhütte weggeräumt und nur die Tafel »Hagenbrunn« belassen, und wie die Tafel heute ganz allein mitten in der Feldnatur dasteht, nur ein Baum leistet ihr Gesellschaft, gehört sie zum schönsten Bahnsteig den es gibt: weiches Wiesengrün, leuchtend vom Goldgelb unzähliger Löwenzahns.

Da man aber kürzlich die Geleise der ganzen Strecke auf neu ausgewechselt, die Stationsgebäude renoviert und auf schön her-

Bockfließ heute
und
vor nicht gar
so langer Zeit

gerichtet hat, darf man daraus schließen, daß die Einstellungspsychose überwunden ist. Zwar werden die Stationen nie wieder die Funktion wie in den besten Zeiten der Bahn haben: mit Wartesaal I. und II. Classe (denn auf die gewöhnliche III. Classe hatte sich die Bahn erst gar nicht eingelassen), mit Stationsvorstand und Weichenwärter, mit viel Personen- und Frachtenverkehr, und fast jede Station mit Buffet und eine sogar mit richtigem Bahnhofsrestaurant bis in die Fünfzigerjahre, Spezialität Rostbraten. Das war Bockfließ, und Bockfließ war zeitweise sogar berühmt, und das dank dem Gemeindearzt Dr. Salzborn.

Dr. Salzborn war Wunderdoktor für hoffnungslose Krebsfälle, und wenn Krebskranke doch noch Hoffnung hatten, kamen sie aus halb Europa und sogar aus Amerika nach Bockfließ. Sie wurden aus Bahn oder Auto auf der Bahre in die dörfliche Ordination getragen, in der Hand den mitzubringenden Löffel, und bekamen vom Wunderdoktor selbstgebraute Geheimmedizin zu schlucken, an der sie genasen oder auch nicht. Damals waren die Züge überfüllt. Es gab sogar einen späten Theaterzug.

Das erzählt Josef Staudigl, 94 Jahre alt, faltenlos, rosiges Gesicht, sehr gepflegt, als Witwer seit 18 Jahren allein lebend, in seinem eigenen Bockfließer Haus auf peinlichste Ordnung bedacht. Und er erzählt vom Bahnbau, damals war er schon zwanzig Jahre alt, von seiner Dienstzeit als Stationsbesorger. Man bekam nur ungeschultes Personal, dem 50 fl. im Monat plus freies Quartier genügen mußte. Und er erzählt vom Restaurant im Bahnhof selbst, das er und seine Frau 25 Jahre führten, allerdings unterbrochen durch den Ersten Weltkrieg. Er wurde sofort als Festungsartillerist nach Franzensfeste in Südtirol »einrückend gemacht«, und kaum war er dort, gings Einrücken zurück an die galizische Nordfront gegen Rußland, und kaum war er dort, gings Einrücken wieder zurück ins Südtirolische nach Riva am Gardasee. Kein Wunder, daß solche Hin-und-Her-Strategie die Bahnen der Monarchie in Bewegung, Überfüllung und Blüte brachte. Da auch auf der Stammersdorfer Lokalbahn in den Hungerzeiten in und nach den Weltkriegen die Hamsterer auf den Trittbrettern hingen, gibt es, wenn schon kein Wunder-

doktor mehr vorhanden ist, doch ein unfehlbares Rezept, die Eisenbahnen wiederzubeleben: einfach her mit einem Krieg!
Der letzte Stationswirt hielt sich bis in die Fünfzigerjahre. Der Wein zieht nicht mehr so wie damals, als die bei den Winzern beschäftigten Taglöhner (die gibt es heute nicht mehr) mit dem Haustrunk aus Trebern (den gibt es heute auch nicht mehr) zufrieden waren. Die Weinaufkäufer sind spärlicher geworden, auch gewisse Frauen, von denen einige nach Kellerbesuch so torkelten, daß sie unfähig waren, in den letzten Zug zu kriechen und auf der Bank im Wartesaal übernachten mußten. Es gab einen trinkfreudigen Bahnmeister, der immer mehr Vierteln des hiesigen Lehmweins förderte und schließlich, da er zu fordern nicht nachließ, von der schlauen Wirtin mit Limonade traktiert wurde, was er gar nicht merkte und natürlich auch als Wein bezahlte . . .
Bevor es die Stammersdorfer Bahn gab, erzählt Herr Staudigl weiter, mußten die hiesigen Bauern mit dem Buckelkorb in aller Herrgottsfrüh, als noch der Mond am Himmel stand, zwei Stunden nach Deutsch-Wagram an der Nordbahn wandern, um ihre Produkte auf die Wiener Märkte zu bringen. Heute fahren sie in eigenen Autos, aber die Einwohnerzahl von Bockfließ ist von 1800 auf 1100 abgesunken und gut zwei Dutzend Häuser stehen leer und verfallen mehr oder weniger. Statt der früheren sechs gibt es nur drei Wirtshäuser und ein Kaffeehaus, aber keinen Bäcker und keinen Fleischhauer mehr, und der Schuster kommt nur einmal in der Woche.
Diese Zustände sind stellvertretend für nicht wenige Orte unweit der toten Grenze Niederösterreichs.

Die Frauen im Waggon tratschten und strickten an Pullovern; der Weinbauer schnarcht, die Zigarette ist ihm aus dem Mund gefallen; die Teenager, sich eine nächste Zigarette anzündend, memorieren aus ihren Lehrbüchern; die Schulkinder singen Volkslieder, einer bläst auf der Mundharmonika »Oh Tannenbaum, oh Tannenbaum, wie grün sind deine Blätter« bis zum Überdruß. Eine tiefgrün glänzende Kirchturmspitze, die im Fensterausschnitt erschienen ist, hat wirklich das Aussehen eines sorgfältig gestutzten Christbaums. Nach und nach steigt man aus, auch die dürftigen Weinhamsterer, und geht langsam ins Dorf hinein, das wie menschenverlassen daliegt. Der Zug ist halbleer geworden. Auf den Bahnsteigen sieht man manchmal niemand anders als die Briefträgerin samt Fahrrad, aber sie fährt nicht mit, sondern leert das Postkastl, das man als einziges dem Bahnhof belassen hat und dafür leuchtet es so schön grellgelb in die Nichts-als-Gegend hinaus.

Schranken gibt es keine, es sei denn jenen einzigen bei der Kreuzung mit der schnurgerade das Land durchziehenden breiten Brünnerstraße in Eibesbrunn. Es gibt keinerlei Signale, und auch die Weichen, wenn überhaupt man sie zwecks Verschubs bedienen muß, werden, wie gesagt, mit der Hand gestellt. Das ist Sache des mitfahrenden Bahnpersonals – in den Stationen zu Hu (Haltestellen unbesetzt) degradiert, gibt es ja keine Kollegen mehr. Auch Fahrkarten müssen sie selber im Zug ausgeben. Sie haben keine leichte Arbeit, die vier Mann (sechs samt Lokführer und Heizer). Es ist verantwortungsvoll, den Hemmschuh am nicht selten verrosteten Ladegleis zu entfernen, die Weichen aufzusperren und umzustellen, den Verschub mit den zurücklassenden oder neuanzuhängenden Güterwagen zu betreiben, die Kupplungen zu lösen oder einzuhängen, unter Winken und Pfeifsignalen zu rangieren, die Personenwaggons mit den Passagieren mitzurangieren: es geht eine Viertelstunde vor und eine halbe zurück ... Das Fahrpersonal hat auch den Dienst des ersparten Stationsbeamten zu übernehmen, die Kanzlei aufzusperren, die Abfahrtszeit der nächsten mit Telefon versehenen Station zu melden, wieder abzusperren, die Waggonnummern zu notieren, den Zugspaß jeweils auf den neuen Stand zu schreiben, Hemmschuh und Weichen wieder in den Normalzustand für den nächsten Zug zu bringen – bis es endlich weitergehen kann. Kein Wunder, daß die Aufenthalte manchmal rund eine Viertelstunde dauern. Wer will noch behaupten, daß auf einer Lokalbahn »eh nix zu tun« ist?

An der Steigung von Bockfließ nach Auersthal hinauf plötzlich etwas anderes Überraschendes: riesige graue Rundtöpfe in Reihen ausgerichtet mit blenden weißen Deckeln, Milchtöpfen glei-

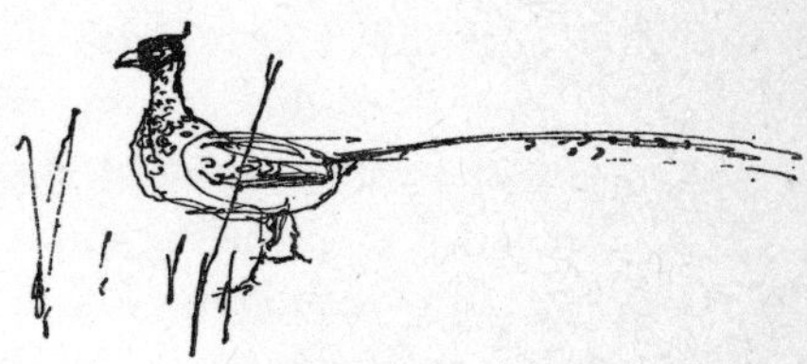

Auersthal
Bahnhof

chend, denen die siedende Milch überzufließen droht. Es sind die zylindrischen Tanks der neuen Ölzentren. Die Naturgegend verwandelt sich in ein aufgelockertes Industriegebiet. Ab Auersthal, der ehemaligen Endstation mit nicht mehr betriebenem Heizhaus, fällt die schon 1909 verlängerte Strecke. Der Zug ist menschenleer geworden, aber durch neu hinzugekommene Güterwagen auf zwölf Waggons angewachsen. Die Güter ersetzen die fehlenden Passagiere: ein Ausgleich, der das Gerede von der Nutzlosigkeit der Bahn ad absurdum führt. Auch hat es an zwei Stationen riesige Silos gegeben, schon von weitem sichtbar, neue Orientierungs- und Wahrzeichen dieser Orte, welche das Vertrauen zur Bahn und ihre Nützung beweisen.

Mitten in den Feldern verstreut tauchen sonderbare Maschinen auf, die unheimlich wie düstere Urzeittiere in langsamster Bewegung sind, ohne sich von der Stelle zu rühren. Gespenstisch lautlos nicken sie und richten sich auf, Tag und Nacht unnachlassend. Alles geht von selbst ohne eine Seele weit und breit, als fürchteten sich Mensch und Tier vor diesen außerweltlichen Ungetümen (und gewiß können sich die Bauern die Vogelscheuchen ersparen). Das sind die automatischen Pumpwerke, die nach Unterirdischem suchen, obwohl sie Überirdischem gleichen, das uns von andern Welten heimgesucht hat. Sie und die dazwischen aufragenden durchsichtigen Bohrtürme, gigantisch gespreizte Eisenskelette von Kirchturmhöhe, gemahnen an des Engländers H. G. Wells schon 1898 erschienenen Zukunftsroman »Der Krieg der Welten«. Genau so beschrieb er die von ihm beschworenen Marsmenschen in ihren Maschinen, in tonnenförmigen Geschossen herabgekommen, uns mit Krieg zu überziehen; H. G. Wells, Fortsetzer des zukunftsvisionären Jules Verne, eine Romanart, die man heute science fiction nennt. Die absolute Lautlosigkeit der wie schläfrig bewegten Monstren mitten in den Äckern ist das eigentlich Albtraumhafte.

Das folgende Groß-Schweinbarth hat eine für die Verhältnisse große Station mit sechs Geleisen, Heizhaus etc., wo mehrere Marchfeldbahnen, einige noch dampfend, zusammenkommen und lange hin und her rangieren. Wir werden unserer Güterwagen ledig, sie kommen an andere Züge, Richtung Ostbahn bzw. Nordbahn, wo sie auf den Hauptstrecken an ihre Bestimmungsstationen weiterlaufen. Dementsprechend ist Dreiviertelstunden Aufenthalt nötig. Das Zeithaben zum Besuch des gegenüber dem Bahnhof gelegenen Wirtshauses benützend, bin ich beim Wein in Gesellschaft von Eisenbahnern, sofern sie nicht Rangierdienst zu versehen haben.

Als ich vor Jahren dieselbe Strecke weiter fuhr, war ich in Gesellschaft zahlreicher Ölarbeiter. In ihren blauen Overalls und mit ölschwarzen Händen zusteigend, verbreiteten sie sofort intensiven Ölgeruch. Ihm mischte sich alsbald Geruch nach Geselchtem, das sie aus fetten Papieren packten und verschlangen. Sie verwandelten die Wein- in eine Ölbahn. Sie erzählten, daß sie zu den Tausenden gehören, die Tag und Nacht in drei Schichten arbeiten. In den Dreißigerjahren hätten die Versuchsbohrungen rund um Zistersdorf begonnen, Ingenieur Musil, der Pionier der österreichischen Erdölwirtschaft, sei als erster fündig geworden. Doch erlitt er ein echt österreichisches Schicksal. Man verweigerte ihm Kredite zum weiteren Ausbau. Sein historisches Bohrloch kam an anglo-amerikanische Ölkonzerne, aus deren großzügigem weiteren Ausbau im Krieg »deutsches Eigentum« wurde und nach dem verlorenen Krieg russisches. Damals gab es 12 000 Beschäftigte, die in neuzeitlichen Siedlungen, teilweise schon im Krieg aus dem Boden gestampft, zu Hause waren. Verschiedene Firmen des neuen neutralen Österreich übernahmen schließlich alles. So erzählten mir vor Jahren die Arbeiter.

Seither brachte es die Modernisierung mit sich, daß die Beschäftigten in großen Bussen zur Arbeit geholt und vice versa heimgeführt werden oder selber mit fortschreitendem Wohlstand eigene Autos benützen. Wieder war eine Blüte der Bahn vorbei. Auch das Öl selbst wurde nicht mehr mit der Bahn befördert, es fließt seither durch unterirdische Pipelines ab. Dazu kam, daß die Ergiebigkeit teilweise erschöpft war. Viele Bohrungen mußten eingestellt werden. Die Belegschaft verminderte sich auf heute 7000, obwohl seit der jüngsten Ölweltkrise (1975) neu gebohrt und geschöpft wird. So erzählt mir jetzt auf der Weiterfahrt ins ehemalige Ölzentrum Zistersdorf hinauf der Schaffner, froh, sich mit mir unterhalten zu können. Vom verkürzten Zug aus, der sich in Serpentinen aufwärts windet, schauen wir auf die hügeligen Felder hinaus und auf die Rudel von Rehen, welche aus den Waldpartien kommen.

In Zistersdorf, einer wieder stiller gewordenen alten Landstadt, die ringförmig auf mehreren Terrassen ansteigt, hat man die Ölanschlüsse im Bahnhof abmontiert, und der alte Wirt des Gasthofs daneben klagt, daß ihn früher täglich 1300 Arbeiter frequentierten, heute höchstens 130. Doch Zistersdorf selbst sei nie Nutznießer gewesen. Das seien vielmehr die benachbarten Gösting, Am Steinberg, Palterndorf, Neusiedl an der Zaya und Gänserndorf, und sie seien es zum Teil heute noch.

Gegen Abend die Umgebung rekognoszierend, finde ich vieles wieder der Natur anheimgegeben. Was von weitem wie ein riesiger Urwaldbaum ausschaut, erweist sich in der Nähe als von Schlingpflanzen überwucherter Bohrturm. Frisches Grün überrankt ihn bis hoch hinauf. Er hat alles Unheimliche verloren. »Und wenn du nicht zum Spaten greifst, und wenn du nicht die Axt ansetzt«, heißt es in Gionos Roman ›Der Hügel‹, »dann überschwemmt die grüne Flut dir Fuß und Mauern und alles ...« Manche Zistersdorfer Bauern, die ihre Gründe an die Ölherren abgetreten hatten, können heute wieder Axt und Spaten zum Urbarmachen handhaben: zum Aufbrechen der Betondecke, um die Erde freizulegen und sie wieder fruchtbar zu machen. Aber Viehwirtschaft gibt es keine mehr, es sei denn ergiebige Schweinezucht. In Gösting hatte ich vor Jahren an einem Haus noch lesen können: JOHANN STUR, VIEHIRT (nur mit einem h, allerdings mit einem Stricherl darüber). Heute höre ich, daß er längst tot ist, der letzte Hirt war er, die Hirten sind verdorben, gestorben.

Die Sonne sinkt. Durch Kirschbaumalleen weitergehend, komme ich in eine kleine waldige Senke hinab. Die letzten Strahlen überhauchen alles mit einem zarten Rot. Es ist ganz still. Ein einsames Haus steht da, Kletterrosen überwachsen es, davor spielen Kinder mit einer weißen Katze, und auch sie erscheint rötlich. Die Kinder schauen mir aus großen Augen lange nach.

Die Natur, hier noch in Ordnung, ist viel zu groß, als daß man sie umbringen könnte, man kann sie nur zeitweise zurückdrängen, nicht auf die Dauer. Ich kann den Spruch nicht vergessen, den ich vor Jahren in einem alten Bauernkalender gefunden habe, und ich sage ihn im Takt meines Ausschreitens in den Abend hinein vor mich hin:

Ist allweil wie gwesen
Wird wieder wie sein
Ist alles vergangen
Wird auch das vergehn.

Zillertalbahn: Tick und Trick

Warum gerade die Zillertalbahn die Eisenbahnnarren aus aller Welt voller Freud' macht – angelehnt an das schon vor der Bahneröffnung (1902) populäre Tiroler Lied »Zillertal, du bist mei' Freud« – ist aufs erste unverständlich. Es gibt in Österreich andere Schmalspurbahnen, deren Streckenführung (um in den Ton der Heimatschriftsteller zu verfallen) »viel romantischer« ist als die der Zillertalbahn. Sie führt im breiten Tal fast eben dahin, die streckenweise straßenbahnartige Trasse erforderte keinerlei technischen Aufwand. Dagegen hat sie für sich, in Tirol (Tyrol) zu liegen, in einem sich freundlich darbietenden Kulturtal, wo ein appetitliches Dorf dem andern folgt. Das kleine Tirol, immer schon Aushängeschild Österreichs, war und ist das große Durchzugsland, wo sich die Nord-Süd-Magistrale Deutschland-Italien mit der West-Ost-Verbindung Schweiz-Salzburg kreuzt. Es ist sehr bequem für den internationalen Fremdenverkehr.

Ein englischer Millionär kam, sah und siegte insofern, als er, kaum der Zillertalbahn ansichtig geworden, sofort aus seiner Tasche den Preis für einen Sonderzug erlegte (es war spätabend und es ging kein Zug mehr). Der Sonderzug wurde rasch zusammengestellt und führte den Sonderling dampfend und pfeifend in einer knappen Stunde von Jenbach zur Endstation Mayrhofen. Das war ihm aber nicht genug. Er wollte unbedingt Maschinenführer auf der Zillertalbahn werden. Dazu verhalf ihm jedoch sein Geld nicht. Man bewilligte ihm nur den Heizer, und das wurde er denn auch nach Schulung und bestandener Prüfung. Vielleicht ist er nur ein »ehemals k. k. erblicher Hilfsheizerstellvertreteranwärtersubstitutsgehilfe ohne Gebühren.« Seither kommt er fallweise her und genießt sein Hobby, das für

die einheimischen richtigen Heizer ein Roboten sein mag – ist er da, freuen sie sich über ihren zusätzlichen Urlaub.
Ob er außer seiner rußigen Schwerarbeit auch die Landschaft genießt? Da ist der breite grüne Talgrund voller Wiesen, sehr viel schwellender Wiesen, auch Felder, und die sind durch Zäune, nichts als Zäune in Rechtecke und Quadrate fein säuberlich eingeteilt, schachbrettartig, und an den Zäunen hängt das Abgemähte wie langes Wollhaar. Auch die Berghänge zu beiden Seiten, westlich die Tuxer, östlich die Kitzbühler Alpen, sind in Wiesen, Felder und immergrüne Nadelwälder eingeteilt, nicht mehr so pedantisch, mehr künstlerisch ornamental, um nicht zu sagen willkürlich, ein schwingendes Ineinandergreifen von hellgrünen Wiesenaussparungen und dunklen Waldeinfassungen und Ballungen ... Und wo nur irgendein Plätzchen auf einem Gupf frei ist, schon hat's eine blendendweiße Kapelle oder eine Bergkirche besetzt, die Richtzeichen auf den Bergen gleichwie die Leuchttürme auf dem Meer. Und die vielen Kirchtürme in den vielen Talorten, und wie spitz die Türme sind! Man sticht sich förmlich daran, und man erwartet, daß die vielen Schmetterlinge sich an so einer Turmnadelspitze aufspießen. Dafür sind die Laubbäume breit und behäbig rund gewachsen, bauchig wie die Bierbrauer, die es im Zillertal auch gibt.
Die Erbauer der Bahn müssen naturfreundlich gewesen sein: jede Station kündet sich schon von weitem durch einen Riesenbaum an, der offenbar beim Bahnbau gepflanzt wurde und heute das ach wie niedliche Stationsgebäude ganz verdeckt, so daß man erst, wenn der Zug bei so einem Baum stehen bleibt, weiß, daß man schon wieder bei einer Station ist. Alle schauen sie aus wie die landesüblichen Häuschen, auch mit den gleichen braunen Holzbalkonen, und man würde sie kaum als Bahnhöfe erkennen, wenn nicht ein Dirndl herausgelaufen käme, das nicht jo-

*) Siehe die Waldviertler Bahnen und besonders die kühne niederösterreichische Voralpenbahn Kienberg-Gaming - Lunz - Waidhofen an der Ybbs. Aber sie liegen abseits des Fremdenstroms. Und was die oberösterreichische Steyrtalbahn betrifft, so ist sie die absolut einzige Österreichs, die noch ausnahmslos mit Dampf betrieben wird.

delt, sondern ein rotes Eisenbahnerkappl auf hat und das lachende Fräulein als Stationsvorstand ausweist.
Ob unser Heizermillionär für all das ein Auge hat? Und muß er nicht gleich dem Lokomotivführer die unabgeschrankten Straßenkreuzungen beachten, auf welchen sich nicht selten ein schwerer LKW samt Anhänger versteift, ohne Platz machen zu wollen, als ob er sagen wollte: Was wollen denn die Schienenzuagrasten?
Gleichviel, das rührende und abwegige Unterfangen des Zillertalbahnnärrischen Heizermillionärs, kurz, sein Tick, wird durch ein mehrere Jahre vor ihm stattgehabtes Unterfangen der Zillertalbahn selbst übertroffen. Die Bahn, 32 km lang, wie es auch alle die ganze Zeit herausgekommenen Fahrpläne anzeigten, wurden in den Kursbüchern der Fünfzigerjahre auf einmal doppelt so lang: 64 Kilometer! (Einige Stationen zeigten sogar mehr als die entsprechende doppelte Kilometerzahl). Hatte man die im allgemeinen gerade verlaufende Trasse zu weitausholenden Serpentinen umgebaut? Da mußten doch auch die Stationsgebäude verlegt worden sein: welche Sisyphusarbeit! Ich höre geradezu die wie Wildbäche gurgelnden Kehllaute der eingebornen Arbeiter, wie sie die »groaßn Schtuanern ausgkchebt« haben müssen ... Da wurde wohl auch die Fahrzeit entsprechend verlängert? Jedoch blieb sie in den neuen Fahrplänen überraschenderweise gleich! Daraus ergibt sich, daß die Stundengeschwindigkeit von 30 Kilometer auf zumindest 60 Kilometer erhöht worden war, eine bewundernswerte Leistung, wie sie keine andere Schmalspurbahn Österreichs erreichen konnte, fast die Eilzugsgeschwindigkeit einer Hauptvollbahn!
Was blieb mir anders übrig, als mich auf eine Schnellzugsnachtfahrt von Wien nach Jenbach zu begeben, um das neue vertrackte Wunderwerk zu bewundern? Meiner geheimen Ahnung entsprechend, fand ich die Zillertalbahn völlig unverändert in ihrer alten Verfassung vor. Keine Spur von 64 km Länge. Alles beim alten: 32 km lang. Es war nichts als der Trick eines bürokratischen Unhirns, der nach ein paar Jahren in den Fahrplänen wieder rückgängig gemacht wurde. Des Unhirns Überlegung war offenbar gewesen: Erstens werden die Zuagrasten

Zillertalbahn SPUR 75cm
Tenderlok „KRAUSZ" Baujahr 1901

nichts merken, zweitens weil sie sich keine Fahrpläne kaufen, drittens wenn doch, werden sie sie nicht zu lesen verstehen. Hauptsache, sie zahlen statt für die tatsächlichen 32 Kilometer den Fahrpreis für die vorgeschwindelten 64 Kilometer und bewundern obendrein unsere einzigartige Schnelligkeit.

Je länger ich darüber nachdenke, umso genial-einfacher erscheint es mir. Ich schlage den Österreichischen Bundesbahnen (ÖBUBA) vor, es nachzuahmen. Die alle paar Jahre fälligen Fahrpreiserhöhungen machen ohnehin böses Blut. Es genügt ohneweiters, die Kilometerzahlen mit einem Federstrich zu verdoppeln, um doppelte Einnahmen zu erzielen. Wien-Linz wird von 190 auf 380 Kilometer, Wien-Salzburg von 317 auf 634 Kilometer, Wien-Bregenz von 779 auf 1558 Kilometer verdoppelt.

Die Verschwörung á la Carbonari

Im Hinterzimmer eines kleinen Vorstadtgasthauses, wohin ich durch Zufall verschlagen worden, traf ich auf eine Gesellschaft, die mich erstaunte, ja auf den ersten Blick fast erschreckte. In dem düsteren Zwielicht war eine Versammlung von Männern aller Art zu erkennen, vom Jüngling bis zum Greis, und alle waren teils stehend, teils sitzend, flüsternd vorgebeugt, versammelt um Tische, auf denen es statt der Tischtücher ein paar nasse Kreisspuren von Gläsern gab. Doch schienen nur ganz wenige zu trinken. Sie waren offenbar mit viel Wichtigerem beschäftigt. Es hatte etwas von einer Verschwörung von Dunkelmännern an sich, dieses Austauschen vieler Blätter und Kärtchen voll hieroglyphischer Zeichen. Alsbald stellten sie sich als Zahlenreihen heraus, ein verwirrendes Zahlenmeer, vielleicht eine Schrift, nur nach einem Geheimkodex zu entziffern, ein Schwindel, der schwindlig machte.

Lotterienummern konnten es auf keinen Fall sein, da sie drei- bis sechsstellig waren, auch fehlte die Weiblichkeit völlig, jene betulichen Lotterieschwestern, ohne die es in solchem Zusammenhang nicht geht. Dieser Umstand förderte in mir den Eindruck eines Geheimbundes, eines revolutionären Politikums à la Carbonari. Allerdings, eine einzige Frau erschien manchmal und zwängte sich durch die gestikulierende, köpfezusammenstekkende, hie und da einen verhaltenen Aufschrei von sich gebende Männlichkeit. Da die Betreffende aber ein volles Bierglas brachte und zwei leere Gläser wegräumte, war es offenbar die Wirtin. Ob sie blond oder grau war, konnte ich in der spärlichen Beleuchtung nicht unterscheiden, jedenfalls war sie zierlich und sah wie eine Hofdame aus Habsburgs Zeiten aus. Und in der Tat, man sprach sie mit »Frau Baronin« an. War ich am Ende in eine monarchistische Geheimversammlung geraten?

Auch Bilder wurden eifrig ausgetauscht, Fotos, die teils Lokomotiven, teils Waggons, teils Menschengruppen um Lokomotiven und Waggons darstellten. Indes war ich noch nicht beruhigt. Könnte es sich nicht um Eisenbahnattentäter handeln à la jenes Sylvester Matuschka, der bei Bia Torbagy und Neulengbach Expreßzüge von Brücken hatte in die Tiefe stürzen lassen? Da am Ende eines langen Tisches ein Herr mit verschattetem Gesicht saß, der hie und da hinter sich in eine eiserne Kassette griff und Schlüssel daraus hervorholte – vielleicht Schraubenschlüssel zum Lockern der Geleise – verstärkte sich mein Verdacht wieder.

Jedoch verflog er, als ich unter den Gesichtern zwei mir bekannte ausnehmen konnte: das des Herrn Slezak (Josef Otto) und des Herrn Gilnreiner (Gerhard). Herr Slezak ist Autor und Verleger von Eisenbahnfachbüchern, die, wenn er sie selber geschrieben hat, sich wohltuend vom Stil der Fach- und Heimatschriftsteller unterscheiden, und Herr Gilnreiner ist jener Studiosus der Technik, welcher eines Tages an meiner Tür geläutet und mich kurzerhand besucht hatte, um in mir den Autor des Radiovortrags »Die kleinen Eisenbahnen« persönlich kennen zu lernen. Kurz, ich war ganz unverhofft in einen Verein von Eisenbahnfreunden geraten.

Nun darf man nicht vielleicht glauben, daß alle das gleiche Interessenverhältnis zur Eisenbahn haben. Ganz im Gegenteil, soviel Köpfe, soviel Abarten von Interessen, und auch Neid und Feindschaft fehlen nicht. Diese hier, es mochten ein paar Dutzend sein, schloß allerdings ein- und dasselbe zu einer Gemeinschaft zusammen. Ihr ganzes Interesse erschöpfte sich, wie ich schon angedeutet hatte, in Zahlen, in Nummern, und diese waren nichts anderes als die Nummern von Lokomotiven und Waggons.

Es waren jene Fanatiker, die ihre Freizeit damit verbringen, die Nummern von Lokomotiven und Waggons aufzuschreiben und zu sammeln, und die bei jedem Wetter, ob schön ob Regen, auf Bahnhöfen stehen und hasten, um von den stehendem oder hastendem (wie der Fachausdruck lautet) »rollenden Material« die Nummern zu notieren. Was die Straßenbahn betrifft, so ist

die günstigste Zeit für sie Allerheiligen, da werden alle Garnituren eingesetzt und da stehen sie tagelang an den belebtesten Kreuzungen und schreiben und schreiben die Nummern ab.
Man ist – das wurde mir gleich an Ort und Stelle durch eine zahlreich belegte Korrespondenz bewiesen – in ständiger Verbindung mit aller Welt, man tauscht Erfahrungen, Bilder und immer wieder Lokomotivnummern aus. Man ist begeistert, man ist mehr berauscht als man es von Alkohol je sein könnte (der ja hier kaum konsumiert wird). Man korrespondiert mit der Schweiz, man korrespondiert mit Frankreich und Kanada, man zeigt meisterliche Bilder von neuesten Elektroloks der Paris-Lyon-Mediterrané-Eisenbahn, man weist stolz auf ein Foto der »CC – 7149 Mistral«.
Mistral: endlich ein Name in all dem, was ich nur als übertechnisierten Bürokratismus empfinden kann, endlich ein Name, der Name eines Windes und eines Dichters. Namen trugen früher alle Lokomotiven, von »Annabella« bis »Zadar«, Namen, die Persönliches, Menschliches herbeizaubern ... Das verschwindet in unserer Zeit mehr und mehr. Selbst die Schiffe, ehemals alle benannt, werden nur noch numeriert. Nummern, Nummern, wohin man schaut.
Ich bin in die Gesellschaft der Nummernjäger geraten. In einer Broschüre, die man mir in die Hand drückt, werden sie zu erklären und zu verteidigen versucht, und ich lese:
»Nummernjäger sind mit der weithin sichtbaren Bahnnummer nicht zufrieden, sie versuchen außerdem die Fabriksnummer jeder Lokomotive zu finden. Falls es sich um eine Maschine handelt, die früher bei einer andern Bahnverwaltung gelaufen ist, setzen sie ihren ganzen Eifer daran, die frühere Nummer festzustellen. Das ist mitunter sehr schwierig. In den allerseltensten Fällen sind die Nummernjäger Eisenbahner. Vielmehr finden sie sich in den verschiedensten Berufen, unter Ärzten, Juristen, Kaufleuten, Beamten, Arbeitern, Lehrern und last not least unter den Schülern aller Altersstufen, von der Volksschule bis zur Universität. Und gar in England oder den USA, dort ist das Paradies der Nummernjäger. Jan Allan gründete in England im
 Jahre 1942 seine »Spotter-League«, die bereits 50 000 Mitglieder

haben soll und laufend Bücher über Eisenbahnen herausgibt ... ›Loc-Spotters‹ nennen sich die englischen Lokomotivjäger, sie tragen auf ihren ›Erkundungsgängen‹ ein Büchlein mit sich, in dem die Nummern aller englischen Lokomotiven verzeichnet sind, um jene mit einem Punkt (spot) zu versehen, die ihnen begegnet sind ...«

Ich kann mich nicht enthalten, etwas von einer mir gar nicht liegenden Buchhalterei zu äußern, werde jedoch sogleich eines Besseren zu belehren versucht, indem man mir als Gegenbeispiel einen großen Künstler vorhält, den, wie man wörtlich sagt, »berühmten tschechischen Komponisten Anton Dvorak, 1841 bis 1904, er war als erster Nummernjäger unser Ahnherr ...« Er soll, wie ich weiter erfahre, sich bei jeder möglichen und unmöglichen Gelegenheit auf den Bahnhöfen herumgetrieben und alle Lokomotiv- und Waggonnummern aufgeschrieben haben. Er wußte sie alle auswendig, und man erzählt mir eine Anekdote von ihm:

Als Dvoraks Tochter geheiratet und die Hochzeitsreise nach Wien gemacht hatte, war er, die Hände über den Kopf zusammenschlagend, nach der Rückkehr des Paares von seinem Schwiegersohn schwer enttäuscht, weil dieser ihm nicht sagen konnte, wie die Lokomotive ausgesehen, geschweige denn, was für eine Nummer sie gehabt habe. Wozu sie dann überhaupt mit der Eisenbahn gefahren seien, wenn sie das nicht wüßten? Als das Paar später wieder eine Reise machte, wollte es sich bessern und Dvorak eine Freude machen. Von ihm wieder befragt, nannte der junge Mann strahlend die notierte Nummer. Aber Dvorak schlug wieder die Hände über dem Kopf zusammen, ausrufend: »Um Gotteswillen, das ist die Nummer vom Tender!«

Das kann mir wohl ein zustimmendes Lachen abnötigen, vermag mich aber nicht zu überzeugen, da für mich die Eisenbahn nicht durch Nummerntabellen repräsentiert wird, sondern prallstes Leben darstellt, drängende Gestalt, Fahrt, Rangieren, Dampf und Rauch, Dampf- und Ölgeruch, ja auch den Geruch der Ledertasche des Kondukteurs, weiße Scheinwerfer voraus und rote Schlußlichter, Pfeifen, Kuppelklirren, Türenzuschlagen oder wenn die Tür auf der hintern Plattform des letzten Waggons offen blieb ihr Hin- und Herschlagen, Schienenstoß, Fahrtruck, Bremsgekreisch, das sausende Singen der Lokomotiven in dem geschmeidigen Rotieren der Räder und Kolben ... Beim Abschied, als ich die Verschwornen verlasse, sagen sie mir: »Auf Wiedersehen nächsten Mittwoch!« und ich sage zu der zierlichen Wirtin, die wie eine Hofdame aus Habsburgszeiten aussieht, während ich ihr meinen Obolus für ein Glas Wein in die Hand drückte: »Küß die Hand, Frau Baronin!« und sie dankt mit einem schüchternen Hofknicks.

Hie München – hie Mistelbach

Von Wien nach München kann man nur mit einer Bahn fahren, nach Mistelbach aber mit vier. Diese unglaubliche Tatsache (Originalität eins) – unglaublich, weil sie kein Wiener glaublich finden wird – ist jedoch nicht der einzige Vorzug Mistelbachs vor München. Es wird ein ganzes Dutzend zusammenkommen. Aber wer, wenn er nicht unbedingt muß, fährt schon nach Mistelbach? Dort gibt es doch nur lauter Mistelbacher. Das ist der Hochmut des Durchschnittswieners. Er wirkt sich ebenso auf Grammat-Neusiedl aus wie auf Buxtehude und Tripstrill, wo es auch nichts als Gegend geben soll.

Die Wiener überfluten Spanien, und da sie hauptsächlich vom Mokka zu erzählen wissen, den sie nicht schlechter finden als in Wien, kommt ihnen Spanien gar nicht spanisch vor. Dagegen kommt ihnen das Österreichische Kursbuch sehr spanisch vor, aus dem sie, wenn überhaupt imstande, darin zu lesen, zur Kenntnis nehmen müßten, daß es nach Mistelbach erstens einmal eine Hauptlinie der Ostbahn gibt, dann als zweite und dritte Verbindung ab Wien-Nord einerseits auf dem Nordwestbahnzweig (manche Züge direkt), anderseits (mit Umsteigen in Gänserndorf) auf dem Nordbahnzweig (beide vorerst Schnellbahnroute) und viertens die Lokalbahn (mit Umsteigen in Groß-Schweinbarth) ab Stammersdorf, das ja 21. Wiener Gemeindebezirk ist. Jedesmal sind es rund 60 bzw. 70 Kilometer, die Fahrzeiten wechseln zwischen anderthalb und zwei Stunden.

Und auch dem gelernten Österreicher wird die Originalität zwei nicht auffallen, daß, wer mit der *Ost*bahn abfahren will, auf den *Süd*bahnhof muß, worauf der Zug direkt nach *Norden* abschwenkt und davon nicht abläßt. Das ist die direkteste Route, aber – Widerspruch in sich – auf Umwegen in verschiedenen Weltrichtungen, ein österreichischer Pallawatsch. Und es ist die kürzeste Strecke, die in Bummelfahrt langsam genug bewältigt wird und auch die langweiligste. Allein ehe man aus dem verdorbendsten, verhütteltsten Großwien herauskommt, dauert es Dreiviertelstunden, und ist man aufatmend endlich aus dem Albtraum draußen, geht es wieder Dreiviertelstunden zum Großteil schnurgerade durch nichts als Marchfeld. Ähnlich ist es auf der Nordbahnstrecke. Und sind wir nicht schon bei Originalität drei, wenn es sich laut Kursbuch herausstellt, daß es auf den zwei Schnellbahnrouten am längsten dauert ... ? Die Stammersdorfer Variante ist schon der echten Lokalbahnstimmung wegen abwechslungsreicher und am interessantesten ist die Nordwestbahnvariante.

Fahren wir also auf der Nordwestbahnroute über Korneuburg, so wird der Wiener mit einigem Erstaunen inne werden, daß wir hinterm Bisamberg, wo die Füchse einander Gute Nacht sagen, auf eine Hügel- und alsbald Bergbahnstrecke voll enger Serpentinen kommen (Originalität vier). Rückblick von der hinteren Plattform des letzten Waggons auf eine Caspar David Friedrich-Landschaft plus, wenn es Frühling ist, berauschendem Blütenduft: das ganze Donautal zwischen Tulln und Wien mit Klosterneuburgs grünen Stiftskuppeln liegt uns zu Füßen, dahinter erhebt sich der Wienerwald und im äußersten Hintergrund der alles überragende blaue oder schneeweiße Rücken des Ötschers. So schön zu schauen, daß uns das Zwanzigkilometertempo noch zu schnell ist.

Die Berg- und Talbahn wird von schwarzverbrannten Grasstreifen begleitet. Das beeinträchtigt die weite Pracht keineswegs, hebt sie eher noch hervor. Es ist aber nicht, wie anzunehmen wäre, auf den Funkenflug der G. m. P. oder Lastzüge zurückzuführen, die nach wie vor mit Dampf verkehren, sondern auf die bewußte Brandlegung der Eisenbahner. Sie selber sind es, die das Gras beiderseits anzünden, damit die Brandstätte alsbald umso üppigeren Graswuchs hervorbringe. Genau das machen die korsikanischen Hirten zugunsten ihrer Herden. Wenn das nicht Originalität fünf ist: wie in Korsika!

Große Bogen um in Mulden schlafende Dörfer. Rebhühner flüchten aus den auf- und abschwellenden Ackerfurchen, Taubenscharen bleiben auf den Dachfirsten sitzen, die wir auf gleicher Höhe geradezu streifen, und gar der Täuberich bläst sich auf, den Zug herausfordernd verachtend. Überraschend auf einmal in nichts als Bäuerlichem eine einzige Ausnahme, die Großindustrie des alles weißpudernden Kalkwerks von Ernstbrunn. Dann kommen wir durch die reiche Waldlandschaft mit hie und da dürftigem Schilf und dürftigem Wein der Leiser Berge, Juraklippen, die im Buschberg mit 492 m Höhe gipfeln – fast so hoch wie der Hermannskogl (Originalität sechs). Sogar ein Sommer und Winter bewirtschaftetes Schutzhaus gibt es oben, auch einen Kugelturm à la Sternwarte, es ist aber eine Flugleitstelle, und es führt ab Mistelbach sogar ein markierter Fußweg des Alpenvereins hin, ein Ausflug für Feinschmecker – muß es da nicht alpin sein? Es ist aber pontisch, die Flora ist pontisch. Und im Umkreis in Riesenparks versteckt die abseitigen Schlösser! Adelsschlösser, verschwiegen und unbekannt, vom Grafen Schaffgotsch bis zum Fürsten Reuß-Greiz-Schleiz XXIX. – den alten Herrn hab ich noch gekannt – oder heute gar schon XXX., der wievielte genau es ist, wissen nicht einmal die Einheimischen. Die Paßhöhe in waldigen Einschnitten hinter uns lassend, kommen wir nach rascher Talfahrt (40 km/h) in Mistelbach an, um fast 200 Meter tiefer, haben insgesamt 13 Haltepunkte passiert und werden sofort von Originalität sieben empfangen: ein riesiger Lokalbahnhof. Mit ihm kann der Mistelbacher Hauptbahnhof – acht Gehminuten entfernt, ehemals Schnellzugstrecke Wien-Brünn – nicht konkurrieren. Es ist ein simpler Durchgangsbahnhof mit vier oder fünf Geleisen, etwa zehn Weichen, der Lokalbahnhof aber hat Dutzende Geleise, mehr als vierzig Weichen, endlose Reihen von Personen- oder Güterwagen, Magazine, Heizhaus, Motordepot, große Werkstätten etc. Der Hauptbahnhof fertigt 18 Personenzüe ab, der Lokalbahnhof 34 in drei Richtungen, wie das Kursbuch anzeigt, die Güterzüge gar nicht mitgerechnet.

Kann mit einem solchen Paroxysmus auseinanderstrebender Lokalbahnen München wetteifern? Als es noch ausschließlich mit Dampf ging, war auch des Nachts in Mistelbach ein Gepfeife, Gelärme, Gerauche, Puffergeklirr usw., das die Anrainer bis

Schober
anno dazumal
CAFÉ
Ophelia
JIM
Mistelbach
Heute

weit ins breite Zayatal hinein nicht schlafen ließ. Allein die Eisenbahnerfamilien in den unmittelbar dem Lokalbahnhof benachbarten großen Personalhäusern, solches gewohnt, störte es nicht. Ähnlich wie man heute gegen die Abgase und Umweltverschmutzung der Pkw und Lkw wütet, protestierte man seinerzeit in den Bereichen großer Rangierbahnhöfe gegen »unzumutbaren, verbrecherischen Nachtlärm und Rauchpest« der Bahn. Also, alles schon dagewesen! In Wien und andern Großstädten, in typischen Eisenbahnstädten wie Budweis und Pilsen, forderten die Bewohner solch bahnnaher Häuser allen Ernstes die Herabsetzung der Mietzinsen — ohne Erfolg. Erscheint die moderne Umstellung auf fast lautlose Elektrotraktion nicht geradezu als Wohltat?

Vom Lokalbahnhof heißt es ziemlich steil zum Hauptbahnhof hinaufgehen. Das bereitet schon darauf vor, daß Mistelbach nicht flache Nichts-als-Gegend hat – die hat München! –, sondern eine Hügel- und Talstadt ist. Sie steht nur der Stuttgarter Siebenhügelstadt nach. Das ist Originalität acht. Und erst der Kirchenberg, heute inmitten der zuletzt eifrig gewachsenen Stadt! Mistelbach hat sich wie eine schmarotzende Mistelpflanze um ihn herumgerankt. 170 ausgetretene Steinstufen habe ich zur großen Pfarrkirche – auf derselben Höhe Kalvarienberg und umfangreicher Friedhof – hinaufsteigen müssen. Wer sich weniger strapazieren will, kann eine zweite Steintreppe benützen, aber die hab ich erst beim Hinuntergehen entdeckt. Auch da hab ich die Stufen gezählt, immerhin 128. Auf dem Kirchenberg ist man über den Dächern von Mistelbach samt einer Aussicht, mit der München wiedereinmal nicht mithalten kann (Originalität neun), so zum Greifen nahe erscheint die Wald- und Hügelwelt.

Auf alle Fälle muß man die Mistel überqueren, ein armseliges Gerinne, schmalst wie ein Messerschnitt in die Tiefe. Auch Wien hat seinen Namen von einem Fluß, der Wien, und Düsseldorf von der Düssel. Dagegen hat München den Nachteil, daß es nicht an der München liegt, die gibt es gar nicht; es liegt an der Isar, und das erfordert eine unnütze Gedankenstrapaz.

Der Hauptplatz von Mistelbach ist ein riesiges Rechteck, das auf einer ganzen Breitseite das Rathaus abschließt, ein selbstherrlich alle Blicke anziehendes Bauwerk, laut illustiertem Führer »in romantischer, jedoch schwerfälliger Neorenaissance«. Die Front hat in drei Stockwerken unzählige große Fenster, und all das erscheint für die nur 7000 Einwohner zählende Landstadt – vor rund hundert Jahren zur Stadt erhoben – übertrieben. Übertrieben groß auch der auf einem Schuhhaus aufgemalte Name Pemsel. Er wäre gewiß ein Ärgernis für Nestroy gewesen. Nach Nestroy hätte nur ein Malermeister, selbstverständlich ein bürgerlicher, Pemsel heißen dürfen. Und geradezu gefährlich erscheint mir der Name »Fahrschule Rapid« auf einem Auto, das eine Fahrschülerin lenkte; der neben ihr sitzende Fahrlehrer war ängstlich darauf bedacht, daß sie nicht rapid fuhr.

Und nun kommen wir zur originellsten Originalität, der zehnten. Sie erhebt Mistelbach von der Provinzialität zur Internationalität. Doch wenn man nach ihr fragt – es ist eine Siedlung Zuagraster, wie ich vorher einem Prospekt entnommen hatte –, wird man auf ratlose Gesichter stoßen. Mindestens ein Dutzend Passanten aller normalen Altersstufen, die ich auf meinem Gang durch die Stadt danach inquirierte, gaben nichts anderes als das gleiche zur Antwort: »I bin net von da.« Es sind also viele Mistelbacher, entgegen der allgemeinen Wiener Meinung, gar keine Mistelbacher! Nur abnormal alte Menschen gaben zu, »von da« zu sein. Sehr schwerhörig und sehr freundlich, wiesen sie mich zu der gesuchten Siedlung, der südtirolischen oder italienischen oder halt so, aber einen richtigen Namen wußten auch sie nicht. Die beste Auskunft von einer reizenden alten Dame, die bei jedem zweiten Wort ihr Gebiß zu verlieren drohte, lautete: »Draußen beim Krankenhaus oder noch ein bißl vorher beim Greißler rechts.«

Und so fand ich schließlich doch hin und als ich beim Greißler rechts einbog, befand ich mich in der Goethegasse und auch schon in der bewußten Siedlung. Im Ersten Weltkrieg, als Italien der Monarchie in den Rücken fiel, exilierten einige hundert Südtiroler, und in Mistelbach wurde extra für sie diese Siedlung von achtundvierzig Villenhäusern im Schweizer Stil errichtet, um sie aufzunehmen, großzügig wie man war. Grillparzers berühmte Sentenz wurde auf den Kopf gestellt und könnte auf mistelbacherisch lauten: Von der Bestialität (Verrat des Dreibundgenossen) über die Nationalität (Südtiroler Deutschtum) zur Humanität (Mistelbacher Gastfreundschaft). Heute macht mans anders, allerorten sperrt man Emigranten in Barackenlager.

Ich finde in dem netten Villenviertel kein anderes entsprechendes Andenken als den Südtiroler Platz. Alle andern Orientierungstäfelchen geben sich musisch wie die Goethegasse. Da ist Schillergasse zu lesen, Weimarer Gasse, Haydngasse, Schubertgasse und Rosegger*straße*, ja, Rosegger hat als einziger eine Straße bekommen, wahrscheinlich weil er sich als einziger von all den Musischen nach Mistelbach verirrt hatte. Zeitweise hatte die Siedlung auch den Spitznamen Klein-Moskau, weil sich eine kleine linkste Zelle eingenistet gehabt hatte.

Als Wiens Polizeipräsident Schober die Siedlung erholungsbedürftigen Wiener Polizisten widmete, hießen die Siedlungshäuser Polizeihäuser und alle Wiener Polizisten Mistelbacher. Die Bezeichnung »die Mistelbacher« hängt ihnen heute noch in Wien ein wenig spöttisch an. Das hören sie nicht gern, Mistelbacher, die gar keine Mistelbacher sind (Originalität elf). Sie sind ja echte Wiener aus Böhmen. Geht man in irgendein Wiener Zinshaus hinein und liest im Parterre das Parteienverzeichnis, wird man garantiert ein paar Nowak, Wokurka, Vrba, Strba und Swoboda finden. Warum sollen all die Swoboda, was Freiheit heißt, nicht die Freiheit gehabt haben, Wiener zu werden und entscheidend dazu beigetragen haben, daß Wien zur Millionenstadt wurde? Wien war damals dank den Böhm' die sechstgrößte Stadt der Welt. Und im zehnten Bezirk, der fast ausschließlich den Böhm zu verdanken ist, hat es sogar »Das größte Kaffeehaus der Welt« gegeben.

Gibt es auch in Mistelbach Kaffeehäuser? Natürlich! Und viele Espressi und dergleichen Neuzeitiges. Es hat sich vieles modernisiert, asphaltiert, auto-risiert. Kaum eine Straße oder Seitenabgasse, wo es nicht von fahrenden und in endlosen Reihen abgestellten Autos wimmelt, kaum ein Gasthaus, das nicht fast den ganzen Tag von trinkfreudigen Gästen überdrängt ist. Es sind viele Bäuerliche unter ihnen, entsprechend der typischen Land-

stadt, in der nach wie vor niedrige Häuser vorherrschen und Läden, die landwirtschaftliche Geräte zur Schau stellen.
Sehr auffiel mir die jugendliche Kellnerin, die mich lieblich und schüchtern zur Jause bediente, eine zarte Ophelia, »ein weißes Phantom holdesten Wahnes, schon tausende Jahre, tausende Jahre auf dunkelstem Strom treibend.« Ihr schulterlanges goldblondes Haar zurückwerfend, lächelte sie mich so voll jungfräulicher Unschuld an, daß mir ganz bang im Gemüt wurde: Rimbauds Ophelia in Mistelbach (Originalität zwölf)! Ist es wirklich eine Mistelbacherin? Und was wird aus ihr werden? Man bedenke die Scharen robuster Jünglinge, die sie bedienen muß und die zwar Christushaar-und-Bart haben, aber keine Christusse sind.
Zurück fuhr ich vom Hauptbahnhof ab, und der hat einen Wartesaal, in dem laut Warnungstafel das Rauchen verboten ist, dafür aber einen eigenen Schülerwarteraum, der voller Rauch ist, denn die Herren Schüler dürfen rauchen. Sie haben eine Menge Tischchen zur Verfügung, um ihre Aufgaben schreiben zu können. Mistelbach ist eben auch eine vielbesuchte Schulstadt. Eine Schülerin, die in einer Ecke saß und heimlich in einem Buch las, habe ich in Verdacht, daß sie die Mutzenbacherin verschlang (wie ichs vor ein paar Jahren im unweiten Wolkersdorf erlebte, siehe mein Buch »Reise um Wien in achtzehn Tagen«).
Als ich am Abend die Tür zu dem verglasten, längst leeren Schülerwarteraum öffnete, obwohl er für Erwachsene verboten ist, um an einem Tischchen meine Eindrücke notieren zu können, wurde ich von einem Hieb so stark ins Gesicht getroffen, daß ich zurückwankte, mir die Nase haltend, mich aber noch so weit erfangen konnte, daß ich die Tür zu schließen imstande war. Es war kein Faustschlag, sondern ein Stinkschlag übelster Luft, obendrein zum Erbrechen.
Es war die Rache Mistelbachs an mir zum Abschied. So etwas gibts anderswo kaum, und das ist wohl der einzige Nachteil, den Mistelbach gegenüber München hat.

Caligari wütet im Moorbad

Der Name sei nicht genannt, um nicht der Geschäftsstörung des »renommierten Bades« verdächtigt zu werden. Es genüge anzudeuten, daß es im bayerisch-österreichischen Alpenvorland sehr idyllisch liegt, erreichbar mit einer Lokalbahn, deren Triebwagenzug mich so tüchtig hin- und herrüttelte, daß ich unverhoffterweise mehr als tuchfühlende Berührung mit den links und rechts neben mir sitzenden Jungfrauen gewann. Es machte ihnen nichts aus, sie lächelten freimütig, die linke zwar Mittelschülerin, die rechte Kindergärtnerin, beide kehrten, wie sie mir verrieten, jeden Tag mit diesem Zug heim. Sowohl die linke als wie die rechte – aber beide wären die rechten gewesen – erwiesen sich literarisch ambitioniert, wie es ihnen die Schule vermittelte, wußten zwar von Goethe wenig, dafür von Kafka mehr.
Als ich an dem winzigen Bahnhof ausstieg, dessen Name mit Bad beginnt und einen schönen Doppelnamen folgen läßt, winkten sie, weiterfahrend, mir nach und deuteten achselzuckend auf den Autobus, der dem Zug vor der Nase davonfuhr. Da der Wegweiser am Bahnhof verkündete, daß es 2 Kilometer bis ins Moorbad sei, war es nicht so arg. Gewiß gehört Bewegung zu den Erkenntnissen der neuesten Medizin, die im Gegensatz zur alten »Heilerey« den ischiatischen Patienten nicht eingemummelte Ruhe vorschreibt, sondern lebhaftes Ausschreiten in frischer Luft, und so ist man denn schon vor dem eigentlichen Beginn der Kur dazu verhalten, sich dem Moorbad zu Fuß entgegen bewegen zu müssen, eigentlich eine raffiniert einfache Methode, und es sollte noch raffinierter kommen.
Hat man den laut Reiseführerstil schmucken Marktflecken in einer Viertelstunde durchschritten, erscheint es weniger schmuck, daß ein in freier Natur stehender Wegweiser noch immer »2 Kilometer« avisiert. So schreite ich denn auf der einsamen

Landstraße mitten im saftigen Wiesengrün und sengender Hitze rüstig fürbaß und passiere einen dritten Wegweiser, auf dem tröstlicherweise nur noch »1 Kilometer« zu lesen steht. Nach weiteren zehn Minuten Fußmarsch teilt sich die Straße und an der Abzweigung zeigt ein vierter Wegweiser abermals »1 Kilometer« an.

Na, das ist aber schon nicht mehr schmuck! Nach etwa 400 Metern erreiche ich einen fünften Wegweiser. Und was steht auf dem? Wieder »1 Kilometer«... Man fluche nicht, es sind nur noch 700 Meter, ich habe an meinen meterlangen Riesenschritten, von keinerlei Ischias geplagt, genau mitgezählt. Und da präsentiert sich endlich versöhnend das so anmutig im üppigen Hain des flachen Talgrundes verlorene Moorbad. Welch abseitige Stille und appetitliche Reinlichkeit der schloßartigen Bauten, die ein buntbeschirmter Kaffeegarten zwischen Blumenrabatten noch einladender macht. Ich habe ein weiches Gemüt, aber hier könnte ich vor Neid hart werden.

Schmucker würde es kaum noch sein können, wenn nicht die nähere Befassung mit den Baulichkeiten und besonders der Interieurs eine Überschmuckung enthüllten, die den Fachmann staunen, den Laien sich wundern läßt und beide mehr oder weniger schockieren muß. Oder gehört die Schockwirkung, wie schon angedeutet zur hiesigen Therapie?

Mit einem Wort: ich kam mir wie im Kabinett des Dr. Caligari vor. Wer erinnert sich nicht jenes expressionistischen Meisterstreifens aus der besten Stummfilmzeit, in welchem eine hysterische Architektonik an der Psychotherapie des geheimnisvollen Sanatoriumsarztes mitwirkte? So beginnt es auch in diesem Moorbad: optisch einmal mit vertrackt zackigen Fenstern in einem drei Stock hohen Rundturm. Wie eine dicke Riesenkerze bildet er die Achse des Hauptgebäudes, und als vierter Stock krönt ihn ein fünfeckiges Dachreiterchen.

Und auf einmal wird man inne, daß besagte Fenster, näher betrachtet, ebenfalls fünfeckig sind, in fünfeckigen Sternformen vom Keller bis zur Aussichtsterrasse hoch oben, und daß in die Fernstersimse fünfeckige Keilsteine eingefügt sind und daß die Türschnallen fünfeckig sind und daß die Auffangbehälter der

Dachrinnen fünfeckig geformt sind und daß die Glieder einer Absperrkette die gleiche fünfeckige Sternform haben ... und daß ...

Großer Gott, welch eine Sterninvasion, die aber nicht himmlisch besänftigt, sondern irdisch zusticht! In das Kurhaus, das die Überschrift «1493–1541 Paracelsus-Haus« trägt, eintretend, werde ich gewahr, daß die zentrale Riesenkerze im Innern eine schwindelerregend sich hinaufschraubende und mit erbaulichen Sprüchen austapezierte Wendeltreppe bildet, deren verschnörkelte Geländer sich ebenfalls in scharfkantigen Fünfecksternen überbietet. Der Treppenbelag wechselt von Absatz zu Absatz in allen Farben, und noch farbiger glänzen die fünfeckigen Fensterscheiben, weil ihr im Zickzack zustechendes Rot, Gelb, Blau und Grün – Giftgrün! – in der durchscheinenden Sonne jene Übergrelle erreicht, wie sie von den Gartenzwergen braver Kleinbürger blendet. Aber die Patienten sind eher Großbürger, die kultisch weihevoll dahinwandeln.

Was alles ist hier noch fünfeckig? Sämtliche Türen – auch sie in wechselnden Farben – sind fünfeckig, all die Riesenspiegel, aus denen man in voller Größe erschreckt sich selber entgegenkommt, sind fünfeckig, ebenso die eingesenkten Heiz- und vorstoßenden Beleuchtungskörper, nicht zu vergessen die aus den Wänden der intimeren Räume wachsenden marmorierten Muscheln, die entweder Aschenschalen oder Weihwasserbecken gleichen, aber zum Hineinrieseln dienen. Und plötzlich überkommt mich die Zwangsvorstellung- daß noch intimere Muscheln und Schalen, auf die man sich notgedrungen zu setzen pflegt, auch fünfeckig sein könnten.

Obwohl gedrängt, sie aufzusuchen, benütze ich sie nicht, um nicht verletzende Eindrücke eingeprägt zu erhalten. Ich schlage mich lieber ins Freie und auf die Stirn: sind das nicht im Zusammenhang mit Paracelsus und Moor die Symbole von teils behexenden, teils heilensollenden Drudenfüßen? Draußen kann ich ihnen ebenfalls nicht entgehen, diesen Quintessenz-Pentagrammen, um nicht zu sagen Pentagonen. Die gleichen fünfeckigen Drudenfußzeichen auf den Ruhebänken im Park, auf denen ich keine Ruhe finde, die gleichen fünfeckigen Marterzeichen am

Kriegerdenkmal mit der Inschrift: »Jeder dritte verwundet, jeder neunte tot« (hier, frage ich mich, oder auf dem Kriegsschauplatz, aber ist nicht auch dieser einer?) und auch das Gegitter der Abfallkörbe wimmelt von Fünfecken, und auch die sorgsam gepflegten Blumenbeete sind mit fünfzackigen Formen vercaligarisierter Paracelsusdrudenfüßen eingefaßt. Ein Wunder, daß nicht auch die Prachtrosen und all die andern Blumen fünfeckig blühen.

Kaffee und Kuchen, an denen ich mich begreiflicherweise erlaben möchte, in Schälchen auf Täßchen serviert, die ... die ... die Schälchen und Täßchen ... die ebenfalls ... Mir verschlägts Appetit und Rede. Ich taste mich ab, ob ich nicht selber schon fünfeckig bin. Wahrhaftig, ein Raffinement, das die heile Welt in eine unheile verwandelt!

Warum bin ich eigentlich hergekommen? Richtig, der Lokalbahn wegen, allein die Lokalbahnen sind es ja, die mich immer unverhoffte Entdeckungen machen lassen. Diese aber hat mich nicht zu Quellen, sondern zu Unquellen verführt, und wenn im Zug nicht die Gesellschaft der freimütigen Jungfrauen gewesen wäre. Im Weggehen, um nicht zu sagen im Wegflüchten habe ich aber doch etwas Heilsames entdeckt: hinterm Kurhaus im Garten ist auf einem kurzen Gleistorso ein Kleinbahnzug aufgestellt, herübergerettete Reliquie einer abgetragenen Lokalbahn. Naturgrüne Dampflokomotive, naturgrüne Personenwagen, und nichts ist an ihnen fünfeckig, alles rund, die Räder, der Rauchfang, der Kessel, sogar die sanftgebauchten Waggons nach unten abgerundet, rund wie all die sich drehenden Körper der Schöpfung Gottes sind.

Cigan, das Hündchen von Trebelovice

In der Kanzlei des Stationsvorstandes hängt ein Dienstplakat, auf dem in alphabetischer Reihenfolge alle jene europäischen und außereuropäischen Staaten verzeichnet sind, die mit der Bahn erreicht werden können. Das Plakat hat den Zweck, dem Beamten die Grenzstationen zu nennen, über die er einen direkten Waggon ins Ausland zu instradieren hat: nach einer syrischen Station etwa ist der Waggon (außer dem dortigen Zielort) mit »Übergangsbahnhof Sturovo« zu bezetteln.

Alphabetisch sind mindestens 27 Staaten aufgezählt. Es beginnt mit Belgien (Übergangsbahnhof Cheb), setzt sich fort mit Bulgarien (Sturovo), Dänemark (Decin hl. n.), Frankreich (Cheb) usw., mit Irak (Sturovo), Italien (Breclav oder Satov), Norwegen (Decin hl. n.), Österreich (Breclav oder Satov) usw., zählt gegen Ende Spanien (Domaslice) auf und schließt mit Türkei (Sturovo). Es handelt sich, wie man erkannt haben wird, um einen Bahnhof in der Tschechoslowakei. Und man wird gewiß mit einigem Recht meinen, daß es ein großer, ein wichtiger Bahnhof ist, der einen lebhaften Güterverkehr mit dem nahen und fernen Ausland pflegt. Indes ist eher das Gegenteil der Fall.

Der Bahnhof im südmährischen Winkel ist wohl die kleinste Station der CSSR. Allerdings ist das Stationsgebäude selbst auffallend groß, zweistöckig mit einem einstöckigen Anbau, auch fehlt seitwärts eine hölzerne Bude nicht, die früher Buffet war und heute abgestellten Fahrrädern dient, und auch ein Frachtenmagazin ist vorhanden. Das Stationsgebäude ist darum so groß errichtet worden, um einen beträchtlichen Teil der Eisenbahner (24 im ganzen) dieser Strecke darin wohnen lassen zu können – eine Konzentration der Bediensteten. Der Stationsvorstand ist zugleich Weichenwärter und Verschieber. Die Station liegt genau bei Kilometer 13,3 der eingeleisigen Lokalbahnstrecke Mährisch-Budwitz-Jamnitz, die als Stichbahn in Jamnitz bei Kilometer 20,8 endet, und sie hat, diese Station Trebelovice, um die es hier geht, nur noch ein zweites Geleise. Es kann nicht einmal als Ausweiche dienen, es sei denn im Ausnahmefall; es ist das Magazinsgeleise, auf dem Waggons zur Beladung oder Entladung abgestellt sind. Die ganze Strecke hat keine Ausweiche.

Das ändert nichts an der Tatsache, daß regelmäßig Waggons mit Reis von Triest oder italienischen Häfen kommen und Waggons mit Holzladungen in die Oststaaten abgehen. Benachbart dem »mährischen Sibirien«, dem Kältepol der CSSR, dessen viele Teiche wie Eisbecken aufblinkten, ist die im allgemeinen arme Gegend reich an Holz, welches in großen einsamen Wäldern voller Beeren und Pilze der böhmische Herrgott heranwachsen läßt. Es gibt im Tag außer drei Gemischt-Zug-Paaren ein Güterzugspaar, es gab bis vor kurzem Dampflokomotiven und aushilfsweise Leute noch, Höchstgeschwindigkeit 40 km/h, und es wird auf der Strecke, weil sie weder Signale nach Bahnschranken hat, ausgiebig gepfiffen. Und bei der Abfahrt bläst der Zugsführer noch ins Horn: alles wie Anno dazumal, heute, in den siebziger Jahren des 20. Jahrhunderts.

Von einer Reihe Lindenbäumen auf dem Bahnsteig beschattet, auch Birnbäume, saftigste Edelfrüchte liefernd, fehlen nicht, liegt die Station Trebelovice außerhalb des gleichnamigen wohlhabenden Bauerndorfes in der grünen Feldnatur. Allein ein Hostinec leistet ihr Gesellschaft. Gewöhnlich hat dieses Gasthaus nur zu den Aufenthaltszeiten der Züge geöffnet, die, auch wenn es keinerlei Verschub gibt, rund eine Viertelstunde dauern. Da gibt es das einzige Geschäft. Alle steigen aus, die Passagiere, Schaffner, Verschieber, Lokomotiv- und Zugsführer, allein der Heizer hat laut Vorschrift auf seinem Platz zu verbleiben, und alle gönnen sich ein paar Krügel des leichten Biers, bevor es wieder weiter geht. Man vergißt nicht, dem Heizer auch ein oder zwei Krügel in die Maschine zu bringen.

All das ist in heutiger Zeit eine Seltenheit und der Höhepunkt ist das Stationshündchen. Das Hündchen von Trebelovice heißt Cigan (Zigeuner), ist kohlrabenschwarz, von undefinierbarer

Rasse und Eigentum des Stationsbeamten. Als ich zum erstenmal mit der Jamnitzer Lokalbahn durch Trebelovice kam, schoß das Hündchen wie eine Kanonenkugel aus dem Bahnhofsgebäude heraus auf den Zug zu und verwandelte die Leere und Stille des Bahnsteigs in eine Arena tollsten Lebens.

Sogleich war meine Müdigkeit, die Folge einer umständlichen Nachtfahrt, wie weggeblasen. Auch der Zugsführer, der als erster den Zug verließ, mußte zirkushafte Sprünge machen, wenn er das ihn umkreisende und anspringende Hündchen schonen wollte. Der fanatische Freudenausbruch des schwarzen Kügelchens ist schlechthin unbeschreiblich.

Die harmlose Glückseligkeit des Hündchens wich aber im Nu einer panischen Angst, sobald der Zugsführer Miene und Geste machte, es zu schrecken oder zu verfolgen, natürlich nur im Scherz; aber das Hündchen verstand seine spielerischen Kleinigkeiten als Drohung, nahm sofort Reißaus und verschwand ebenso schnell, wie es erschienen war. Es verschwand in der Dunkelheit der Kanzlei. Kaum aber gab der Zugsführer zu erkennen, daß das Ganze nicht ernst gemeint war, schnellte das schwarze Hündchen auch schon wieder hervor und verfiel ohne Übergang in seinen bellenden und rasenden Freudentaumel.

All das wiederholte sich: höchste Annäherungswonne, tiefste Fluchtangst. Diese Kreatur lebt in jenem Zustand, der auch dieser verschollenen Bahn noch eigen ist, und den wir längst verloren haben: in dem des Glaubens. Es kennt keine Verstellung, kein Theater, keine Lüge, und es wird sie wohl nie kennenlernen. Nach einer Viertelstunde Aufenthalt ging es wieder weiter: nach Signalen aus der Trillerpfeife, aus der Messingtrompete – tutuut – und der markerschütternden Dampfpfeife der Lokomotive. Wir fuhren los, und Cigan lief in seinem Freudenparoxysmus so lange mit, bis es mit der Zunge auf seine Beinchen schlug und erschöpft ins Gras sank.

Ich strebte danach, Cigan auf der Rückfahrt wiederzusehen, obwohl ich diesmal im Auto kam, mit einem Freund, und auch er machte gern den kleinen Umweg. Als wir von der Landstraße zum ein wenig tiefer gelegenen Bahnhof hin abbogen, sahen wir auch schon Cigan im Staub des Vorplatzes hocken. Ohne jede

Cigan
Das Eisenbahnhündchen
von Trebelovice

Regung hockte er da, wie gebannt uns entgegenschauend, ein schwarzes Nichts. Wir hielten knapp vor ihm, und er rührte sich nicht, die Augen demütig zu uns aufgeschlagen, wie um Gnade bittend, als wären wir oder vielmehr das Auto sein verhängnisvolles Schicksal.

Doch als aus der Ferne das lang wiederholte Pfeifen eines sich nähernden Zuges ertönte, war er im nächsten Augenblick der freudetolle Hund, als welchen ich ihn kannte. Wie ein Geschoß dem Zug entgegenstürmend, war er wieder in seinem Element, in seinem Eisenbahnelement. Alles andere existierte für ihn nicht mehr.

Ich bin dann im Laufe der Jahre noch öfters nach Trebelovice gekommen, aber nie mehr im Auto, immer mit der Bahn, mit meiner Lieblingsbahn zu meinem Lieblingshund, und ich will es auch fortan so halten. Ich pflege mehrere Stückchen Würfelzucker mitzunehmen, und Cigan, aufgefordert, schön zu bitten, erhebt sich alsbald auf seine Hinterpfoten, zugleich mit den geschlossenen erhobenen Vorderpfoten erwartungsvolle Kreisbewegungen machend. Er nimmt, umringt vom zustimmenden Bahnpersonal, aus meiner Hand sehr zart die Zuckerstückchen zwischen die Zähne, voll Zutrauen und Freude. Der richtige Titel dieser Geschichte wäre also: Das Eisenbahnhündchen von Trebelovice.

Karst, karster, am karstesten

Die erste Seite meines Tagebuches vom Jahr 1973 beschrieb nicht ich, sondern der einzige Passagier im Abteil außer mir. Es war während der Nachtfahrt des Balkan-Expreß. Er stand im Begriffe, seine Eltern in der Osijeker Gegend zu besuchen, ein junger Jugoslawe, der in Wien und Zagreb studiert hatte, fließend deutsch sprach und seit Jahren in – ausgerechnet – Stammersdorf wohnt. Mir sehr willkommen, schrieb er: Da = Ja. Ne = Nein. Molim = Bitte. Hvala = Danke. Dobar dan = Guten Tag. Sta kosta? = Was kostet? Pedeset = Fünfzig. Sto = Hundert. Lijép = Schön. Polak sata = 1/2 Stunde. Gostionica = Gasthaus. Soba = Zimmer. Gde je zeljeznicka stanica? = Wo ist die Eisenbahnstation? Koliko kilometara? = Wieviele Kilometer?

Ein guter Auftakt. Es soll mit aufs erste zur Verständigung in Bosnien, Herzegowina und Montenegro helfen, wohin mir 1584 km Eisenbahnfahrt bis an die albanische Grenze bevorstehen. Mein eigentliches Ziel: die Kleinbahnen, die es dort noch gibt, falls sie nicht auch schon eingestellt sind. Geheimtip: Skutarisee.

In Zagreb ist das Umsteigen auf den Mostar-Expreß Stuttgart-Ploce wie das Erstürmen einer Festung. Die kilometerlangen Bahnsteige überfüllt von Landvolk mit einer Unzahl Kindern, Pappkoffern, Kartons, Kotzen, Getreidesäcken, auch Zicklein und allerhand Hausgetier, als wollten sie samt und sonders nach Amerika auswandern. Schon während der Einfahrt erklettern die Männer die Trittbretter, hängen wie Trauben daran, ein Wunder, daß nichts passiert. Das einzige I. Klasseabteil ist ebenso überdrängt, aber alle müssen bei dem kontrollierenden Schaffner aufzahlen, weil sie nur II. Klasse haben; immerhin hat man mir gleich einen Platz frei gemacht. Die Familien setzen

ihre Kleinkinder auf mitgebrachte, auf die roten Samtbänke gestellte Nachttöpfe, in die hinein sie ihre Bedürfnisse »groß und klein« verrichten, samt entsprechendem Odeur, und man entleert sie nicht einmal. Es ist stickig heiß, es ist stinkig heiß. Öfters mich in den Seitengang ans offene Fenster rettend, schaue ich in das fruchtbare kroatische Flachland hinaus. Es folgen Weinhügel, ein paar kurze Tunnels, bald Talengen, bald wieder ein breites Tal. Wir fahren längs eines verwilderten Flusses voller Sandbänke, flachen Inseln. Viele ärmliche Fischer in primitiven Nachen. Am Ufer Zigeunerlager mit weidenden Kleppern. Es ist die Una, ein Nebenfluß der Save, die wir schon bei Sisak an der Kulpamündung verlassen haben. Später das Vrbastal querend, streben wir dem Bosnatal zu. Nun sehe ich in Wirklichkeit all die Flüsse, wie wir sie der Reihe nach von West nach Ost in der Geographieschulstunde gelernt hatten, dieser leicht zu merkende Singsang: Kulpa, Una, Vrbas, Bosna, Drina ... (nur die letztere, am weitesten östlich liegend, blieb außerhalb meines Zieles).
Wieder ist viel Volk zugestiegen in den Industriestädten Sunja, Kostajnica, Bosanska Novi (erste bosnische Station mit Gleisdreieck) und Prijedor, wo es viel Holzexport gibt und ein modernes Käselöcherhochhausviertel auffällt. Im folgenden Banja Luka riesiges altes Heizhaus, alte Riesendrehscheibe, kaum noch benützt, und neue Remisen. Später herrscht wieder die Natur vor, eine kapriziöse Hügellandschaft mit Pferdefuhrwerken auf elenden Fahrwegen. Ab Josavka felsige Einschnitte, ein langer Tunnel, das Licht wird eingeschaltet. Dann ein karges Engtal, Akazienwildnis, einsam und melancholisch, ehe wir die große Station Doboj im breiten Bosnatal erreichen. Noch 150 km bis nach Sarajevo.
In den Dörfern die ersten Moscheen. Die Häuser haben vielfach rote Zeltdächer (altmodische »Kaffeemühlen«) und wirken freundlich. In Zenica Abenddämmerung, endlose Fabriksanlagen im geweiteten Felsental, kilometerlang ein Hochhaus am andern im modernsten Turmstil, ein glatter Wohnturm am andern, überraschend imposant. Im Abteil ist allein ein intelligentes Mädchen zurückgeblieben, sehr hübsch und in sehr hübschem

Deutsch sich über die Allzuungeniertheit der inzwischen ausgestiegenen kinderreichen Familien mokierend. Angesichts der gigantischen Fabriken klärt sie mich auf, daß es sich um Kohlengruben, Eisenwerke, Papier- und Ziegelwerke handelt, welche zu den größten Jugoslawiens gehören.

Am Abend nach achtstündiger Fahrt ab Zagreb – samt der Nachtfahrt ab Wien 17 Stunden – endlich Ankunft in Sarajevo. Alles weithin über die sanften Hänge illuminiert, platzhabend, breite Straßen, große Plätze, sausende grüne Straßenbahn, lange ohne Halte. Übernachtung im Hotel Central. Am andern Morgen schon um 4 Uhr auf und zum Bahnhof, der modern und geräumig à la Wiener Südbahnhof wirkt. Allerdings wird seine Eleganz durch die löcherigen Tischtücher im Caférestaurant, wo ich frühstücke, und die ungeniert auf den Tischen herumstreunende Katze gemindert.

Fahrkarte nach Titograd lösen und hinein in den beschleunigten Personenzug, Abfahrt 6 Uhr 20, eine zwölfstündige Fahrt steht mir bevor. Keine Phantastik mehr wie gestern in der Abendillumination. Im nüchternen Morgenlicht passieren wir am Stadtrand von Sarajevo den ungetümen, wie in die Erde gedrückten Klotz einer ehemaligen k. u. k. Kaserne. Es ist eher ein oberirdischer Keller mit Mauselöchern statt Fenstern, ein unheimliches Beton-Kazet, ein Albtraum.

Einziger Mitreisender im Abteil ein gentlemanliker Herr aus Sarajevo, der zwar das Deutsche nur radebricht, mich aber über allerhand orientiert und wieder ein paar serbokroatische Worte dazu lernen läßt. Und das geschieht auf die natürlichste Weise: als wir einen Esel sehen, sagt er magarac, eine Kuh (selten hier, ein Schatz, der Wohlhabenheit bedeutet) krava, weiters Milch mleko, Butter buter, Käse sir, Schinken prsut, und da ich auch ans Adriatische Meer kommen werde: Meer more, Schiff brod, vorwärts napred, verboten zabranjeno.

Die Landschaft wird unglaublich wild, hoher und jähfelsiger Karst, noch einigermaßen bewaldet, durch den sich die eingeleisige Strecke in bald engen, bald weiten Serpentinen abwärts windet. Es ist Elektrotraktion, die neugebaute Normalspurstrekke, während die alte aufgelassene Schmalspurstrecke immer sichtbar bleibt, bald hoch ober, bald tief unter uns. Sie war stellenweise so steil, (60 pro Mille), daß sie Zahnstange nötig hatte. Wir sehen auch die unnütz gewordenen Tunnels und Stationen der Schmalspurstrecke (Ivanpaß). Auch durchfahren wir Tunnels, tollkühne Terrassen und schwindelerregende Etagen, ein potenzierter Semmering. Zurück- und hinaufschauend, den Kopf aufs äußerste nach hinten gebeugt, kann ich es kaum fassen, daß wir noch vor kurzem so hoch oben waren.

Endlich ab Konjic im Tal der Neretva (Narenta). Die Landschaft wird immer karstiger. Im engsten Durchbruch zwischen Vran planina und Prenj planina, beide über 2000 m aufragend, erreichen wir die Herzegovina und bald die Hauptstadt Mostar. Sie zieht sich schmal, aber mehrere Kilometer lang im Tal zwischen den fast schon ganz vegetationslosen Karstbergen hin. Südlich im verbreiterten Talgrund weiterfahrend, passieren wir die flachen Weingärten des berühmten Zilavka, eigentlich eine Flußschotterstätte. Es gibt ja kaum eine Bodenart, in der Wein nicht gedeiht, es gehört leichte Erwärmbarkeit und lockerer, nährstoffreicher Grund dazu. Und dieser entscheidet die Art des Weines.

9 Uhr 02 pünktlich Ankunft in Capljina (Gabela). Umsteigen auf eine der ältesten Schmalspurbahnen (760 mm). Sie hat Tag und Nacht auch Schnellzugsverkehr, allerdings nur 50 km/st, endete ursprünglich in Trebinja (120 km) und wurde später ins Montenegrinische hinein verlängert. Es ist einer der letzten Reste des großen jugoslawischen Schmalspurnetzes, schien zuletzt schon nicht mehr im Kursbuch auf, man erzwang aber zumindest auf ein Jahr den Weiterbetrieb. Jedenfalls liegt diese Bahn mit ihren Zügen in den letzten Zügen. Der lange silbergraue Triebwagenzug ist voll Landvolk und schlafenden Soldaten. Kurz nach Gabela (laut einem Führer vom Anfang unseres Jahrhunderts ist Gabela »ein verrufenes Fiebernest in der Narentaniederung nur 6 m ü. d. M.«) übersetzen wir auf einer langen Eisenbahnbrücke und einem folgenden noch viel längeren Damm das Überschwemmungsgebiet der schotterreichen Neretvaniederung. Wir beginnen alsbald in engen Serpentinen und Tunnels ein wüstes Karstgebirge hinaufzufahren, und wieder ist das technische Werk zu bewundern, alles Großtaten altösterreichi-

scher Ingenieure. Scheitelstation Hutovo (310 m). Lose verstreut winzige Bruchsteinhäuschen mit zwei Türen, aber keinen Fenstern, es sei denn, man hieße die Löcher so, durch die man kaum den Kopf stecken könnte. Verlorene Stationen von kaum sichtbar bleibenden Dörfern.

Trotzdem steigen modern gekleidete Mädchen zu, alle appetitlich gepflegt. Ist es, weil Sonntag ist (26. August 1973)? Auf dem primitiven Bahnsteig von Grimljani auffallend die imposante Gestalt eines Alten in Nationaltracht: ohne Sakko in weißem Hemd, weißer und peinlichst reiner nicht mehr denkbar; sonngebräuntes Antlitz mit mächtigem grauem Schnauzbart à la Dschingiskhan, rotes besticktes Käppi; breite rote Bauchbinde, schwarze ausladende Pluderhosen mit Riesentaschen, darin man die ganze Familie verstecken könnte; blankgeputzt Opanken: eine aufrechte, von Stolz und Würde erfüllte Sagengestalt. Allein der Regenschirm, den er wie einen Spazierstock benützt, paßt nicht recht zu ihm. Doch scheint hier der Regenschirm allgemein üblich zu sein, wie ich auf der Weiterfahrt bemerke, selbst Kinder und die Hirten auf den einsamen kargen Hochweiden führen ihn mit sich. Es soll die regenreichste Gegend Europas sein (4000 mm), und in der Tat beginnt es leicht zu regnen. Ungeachtet dessen ist ein ewiger Kampf gegen die Dürre nötig, da das Regenwasser in dem durchlässigen und löcherigen Kalkterrain sofort versickert.

Eine überraschende Ausnahme bildet die Taloase des Popovo polje (Popenfeld), eine 60 km lange und bis zu 6 km breite Senke, die wir, seit Hutovo fallend, ihrer ganzen Länge nach in gut zwei Stunden abfahren, meist in halber Höhe über dem Grund. Von der Trebisnjica durchflossen, ist es absolut flaches Schwemmland, bis zu 100 Meter dicker Humus, üppig grüne Fruchtbarkeit, Wiesen, Wein, Mais, kleine schattige Bosketts, von Sonnennebel überflimmert, eine wahre Erlösung. Doch es ist trügerisch, weil zeitlich begrenzt: jeden Herbst quellen aus den zahllosen Saug- und Speilöchern des Talbodens Wassermassen aus dem Unterirdischen, fördern blinde Höhlenfische ans Tageslicht und machen das Popovo polje jedes Winterhalbjahr zu einem See. Demgemäß liegen allenthalben umgestürzte Kähne herum. Der im Frühjahr zurückgehende See läßt neue Anbauflächen zurück, und das Wechselspiel beginnt von neuem, eine einzigartige Naturerscheinung. Diese Popovo polje, hochinteressant, wäre eines eigenen Besuches und Studiums wert. Es entstand aus den vom Gebirge herabgeschwemmten ungeheuren Erdmassen, die nach der rücksichtslosen Abholzung durch die Venetianer – zwecks Piloten (Millionen von Eichenpfählen und Lärchendielen als Grundlage für die künstliche Lagunenstadt Venedig) und Schiffbau ihrer Riesenflotte – den Halt verloren hatten und hier, auf ebenem Grund wieder fruchtbar werdend, ein Saisonparadies ermöglichen.

So kommen wir gegen Mittag nach Hum, auch cyrillisch XYM ist an dem mächtigen Stationsgebäude zu lesen, zehngleisiger Rangierbahnhof, Abzweigung südlich nach Dubrovnik. Wir bleiben in östlicher Richtung weiter am Rand des Popovo polje, schon fast auf gleiche Höhe mit ihm herabgekommen, und das Popovo polje bebuscht sich nun, eine Art Macchia. Eine einzelne Zypresse, die einzige auf der ganzen Fahrt, fällt mir auf, eine rührende Ahnung des Mediterranen, wie hereinverirrt von der Adriaküste. Sie liegt hier ja nur 10 km südlich, allerdings hinter einer hohen, im Vlasticagipfel 909 m erreichenden Felsmauer.

Eine zahnlose Alte, an ihrer unglaublich weiten blauen Pluderhose als Türkin kenntlich, bietet mir aus ihrer umfangreichen Schnapsflasche, aus der sie während der ganzen Fahrt tüchtige Schlucke macht, grinsend einen Schluck an, und ich wage – wohl oder übel – nicht Nein zu sagen. Solch wohlgemeinte, aber unappetitliche Anerbieten gab es auch später auf den Balkanstrekken.

Hinter Trebinje, ehemalige Endstation, alte Grenzgarnisonsstadt der k. u. k. Okkupationsarmee, wo es außer Tabak- und Weinbau nichts als die trostlose Umgebung kahlster Karsthänge gibt, weshalb es kein Wunder ist, daß die angeödeten Offiziere vor lauter Langeweile zu Rauchern, Spielern, Säufern und Spintisierer geworden waren – hinter Trebinje steigt die Trasse wieder in Serpentinen an. Hoch und langhin am Hang über dem großen Stausee Bilecko jezero erreichen wir das in anmutiger Lage wohlhabend erscheinende Städtchen Bilecka (476 m). Der

Bahnhof von Bilecka ist eine Endstation und doch wieder nicht, eine Rarität: ein Spitzkehrbahnhof.
Einen Spitzkehrbahnhof in unseren Gegenden soll es noch im Harz geben oder gegeben haben – und in Zentralasien u. a. mehrere heute noch auf der Himalajabahn. Verwendet der Triebwagen die zehn Minuten Aufenthalt zum Umsetzen (das Zugsende wird nun zum Zugsanfang), so verwende ich sie im Bahnhofsbuffet zu einem tüchtigen Trunk dunkelroten Weins. Hat er mir deshalb so herrlich geschmeckt, weil er von einer nachtschwarzhaarigen Schönheit kredenzt wurde, die mich verwundert nicht aus ihren Kugelaugen ließ?
Und schon geht es weiter bergauf, zuerst 13 km (bis Kljikovica) fast parallel zu der unter uns immer tiefer sinkenden Strecke, die wir, ehe wir nach Bilecka kamen, durchfahren haben. Wir fahren über dem Stausee sozusagen zurück — was sich aus der Spitzkehre erklärt. Und langsam noch höher hinauf, schon in Montenegro, auf 726 m. ü. d. M., und schließlich schneller bergab um zwei einsame verwilderte Waldseen (Vrtac und Krupac) herum. In dem felsigen Einschnitt will eine Kuhherde nicht weichen, dauernd flüchtet sie auf dem Geleise selbst voraus, trotz unserer lauten Sirene, und ist sie einmal seitwärts in den Wassergraben abgesprungen, so daß wir glauben, schneller vorfahren zu können, hopst sie wieder auf die Strecke hinauf. Endlich gelingt es uns, in einen breiten Talkessel vorzupreschen. Lockere Siedlungen durchfahrend, kommen wir nach Niksic.
Ankunft in Niksic 16 Uhr 40. Hier endet die Schmalspur. Unter dichten Rauchwolken rangieren lange Güterzüge, welche gleichwie die Schnellzüge die ganze Nacht die Strecke zurück nach Caplinja durchfahren werden. Muß es nicht eine phantastische Fahrt sein durch die Felsennacht, die mitzumachen sehr verlockend wäre? Niksic ist eine Industriestadt inmitten eines Hochtalrunds, das mehrere kleine Hügel auflockern. Im lärmend überfüllten Bahnhofsbuffet, wo ich die dreiviertelstündige Wartezeit bis zur Abfahrt des Anschlußzuges zwecks Stärkung verbringe, werde ich von einem freundlichen Kellner bedient. Er zerfranst sich förmlich. Er schaut gar nicht so aus, wie wir uns einen Sohn der schwarzen Berge gemeinhin vorstellen. Aber er

ist schon ein echter, wie er mir in gutem Deutsch versichert: ein käsig weißes Bürschchen, eher ein zarter Ästhet, ein Literaturjüngling. Er will mein Trinkgeld, das ich dem lächerlichen Preis von 7 Dinar (etwa 10 Schilling) für Sandwich, Rotwein und türkischen Kaffe hinzufüge, nicht annehmen. Fast den ganzen Tag habe ich ja eine Gegend durchfahren, in die sich kein Fremder verirrt; andernfalls würde es gewiß viel mehr kosten.
Der Fahrer des Triebwagenzuges nun auf normalspuriger Strekke nach Titograd – vier bis aufs letzte Plätzchen besetzte Waggons – läßt mich auf den Führerstand, wo Glühbirnchen aufleuchten und er dauernd Taster und Hebel drückt. Neben ihm sitzt ein Beifahrer, der ebenso dauernd in den Zugspaß schreibt. Während der zügigen Abwärtsfahrt sehe ich die Trasse prachtvoll voraus, einigermaßen stolz darauf, daß mir diese Bevorzugung gegönnt wird. Allerdings erweist es sich auf den vielen Stationen, daß ununterbrochen neue »Bevorzugte« auf den Führerstand dürfen. Auf meinem Köfferchen sitzend, sehe ich schließlich wegen des Dutzend gedrängt vor mir Stehender überhaupt nichts mehr, es sei denn zwei Hintern knapp vor meiner Nase.
Titograd (=Titoburg, das ehemalige Podgorica, pod = unten, gora = Berg, soviel wie Unterbergen), nach 57 km Fahrt erreicht, ist, obwohl neue Hauptstadt Montenegros, eine Enttäuschung. Die geräumigen Bahnanlagen sind noch im Bau, die Fertigstellung der bedeutendsten Eisenbahn-Magistrale Beograd-Meer, viele hundert Kilometer lang, verzögerte sich seit Jahren. So hängt der schon ausgebaute südlichste Teil Titograd-Meer, 51 km lang, sozusagen in der Luft, ehe er dieser Tage Anschluß an das gesamte Eisenbahnnetz finden wird. Das ist ein Kuriosum und hat ein Gegenstück nur noch im benachbarten Albanien, wo Normalspurbahnen von der Küste bis ins Landinnere gebaut wurden und werden, Stichbahnen, doch ohne daß vorläufig eine Verbindung mit dem europäischen Eisenbahnnetz (etwa Richtung Skoplje in Jugoslawien) in Betracht käme. Die Stadt Titograd, im zweiten Weltkrieg total zerstört, ist ein Durcheinander von zigeunerartigen Hütten und modernen Wohntürmen, so richtig der »wilde Osten«. Im Hotel – es gibt

zwei neueste für die Fremden, die jetzt von der unweiten Adriaküste her auftauchen – die Zimmer sehr gut, das Essen sehr schlecht. Das Frühstück am andern Morgen kein türkischer Kaffee, sondern ein sächsischer Bliemchenkaaffe (wohl der Deutschen wegen, die aber auch schon längst Besseres gewohnt sind). Das Hotelpersonal versteht englisch, ebenso manche jungen Montenegriner, wie sie's in der Schule gernt haben, meist große Prachtgestalten, und sie sind alle sympathisch und entgegenkommend. Man trägt mir ein Taxi nach dem rund 100 km entfernten Kotor (Cattaro) an, wohin es keine Bahn gibt: »Not expensif, threehundred Dinar.« Aber ich bleibe der Bahn treu, so lange es geht. Vorerst geht es ab Titograd 20 km schnurgerade durch die sich weitende, teils sehr fruchtbare, teils sumpfige Tiefebene, ehemals Seegrund, an das Ufer des Skutarisees bei Vranjina; und anschließend auf einem neuen etwa 2 km langen Eisenbahn- und Straßendamm über die schmalste Stelle des Sees nach dem Skutariseehafen Virpazar hinüber. Eine alte, inzwischen aufgelassene Schmalspur (600 mm) von Titograd her hatte, als noch kein Damm bestand, 6 km östlich von Vranjina in Plavinca am Seeufer geendet. Dort erfolgte der Umschlag auf Skutariseedampfer oder auf ein separates Fährschiff, das nach 10 km Überfahrt in Virpazar wieder den Umschlag auf eine zweite, inzwischen ebenfalls aufgelassene Schmalspurbahn besorgte.

Diese wurde nach ihrem Zielort an der Adria allgemein Antivaribahn genannt und hatte die ausgefallene Spurweite von 750 mm. 42 km lang, war die Antivaribahn im Jahre 1909 als erste Eisenbahn des Königreiches Montenegro von Italienern gebaut worden und bestand bis Ende 1959. Sie war eine der kühnsten und zugleich primitivsten Gebirgsstrecken, die in unglaublich engsten Serpentinen und Spitzkehren das zerklüftete Küstengebirge – samt einem 1 km langen Scheiteltunnel – überwand. Nicht selten gab es Entgleisungen, die infolge der geringen Geschwindigkeit von 12 km/st. keineswegs tragisch genommen wurden. Unter Mitwirkung der Reisenden hatte man in rascher Improvisation alles wieder behoben. Und während der Fahrt halfen die Passagiere auch gern an den Handbremsen mit.

Hafen von Virpazar
Lok der ehem. Antivariber Bahn

Die ersten Lokomotiven waren kleine Bt-n2 italienischer Herkunft. Die Antivaribahn war das Ziel vieler Eisenbahnfeinschmecker. Die Schienen sind weggeräumt, aber die ehemalige Trasse ist noch gut erkennbar und hätte ohne viel Kosten in eine Gebirgsstraße mit großartigen Fernblicken voraus aufs Meer und zurück auf den Skutarisee ausgebaut werden können. Indes hat man sie verfallen lassen, und nur wer sein Auto zuschanden fahren will, wird sie aus reiner Abenteuererlust zu benützen wagen (ich habe die 42 km lange Fahrt in drei Stunden im Taxi riskiert, die lange Weigerung des Chauffeurs durch gutes Geld besiegend – und war nur traurig, daß ich wenigstens die letzte Bahnfahrt vor 17 Jahren nicht mitgemacht hatte). In Virpazar ist das ehemalige Stationsgebäude zu Füßen der Felsenfestung heute Polizeistation, und es bestehen noch das inzwischen etwas umgebaute Lagemagazin und der eiserne Kran am Ufer, welcher den Umschlag Schiff-Bahn und umgekehrt besorgte.

Virpazar, ein kleinster, rund um einen Park herumgebauter Marktflecken mit grotesk zerzackten Felspyramiden mitten im Ort hat ein im montenegrinischen Stil errichtetes Hotel »13. Juli« (nach einem Feiertag) und einen appetitlichen modernen Selbstbedienungsladen.

Ein nur mit Schwimmhose bekleideter Hüne trägt mir und zwei reichsdeutschen Pärchen eine 1½ stündige Bootsfahrt an. Er spricht fast fehlerfei deutsch, verlangt 100 Dinar, ist aber schließlich mit 70 zufrieden. Hätten wir sein Boot vorher gesehen, würden wir die Fahrt nicht riskiert haben. Das winzige Holzboot, halb voll Wasser, es muß dauernd ausgeschöpft werden, auch der Motor schwimmt förmlich, ist polizeiwidrig. Es zu besteigen, fordert Turnkunststücke über im Wasser verstreut liegende Steine ab und ein Kriechen auf allen Vieren an Bord. Außerdem ist ein graues Kanonenboot vorhanden mit einer operettenhaft kostümierten Kriegsmarine, ferner ein weißes Motorschiff mit Kajüten, aber dieses verkehrt momentan nicht. Es heißt »Ochod« nach der Stadt, welche im 15. Jahrhundert die erste Druckerei Montenegros beherbergte. Es ist der Rest der seit 1887 bis in den Zweiten Weltkrieg hinein bestandenen Montenegrinischen Dampfschiffahrtsgesellschaft.

Da Virpazar nicht direkt am See liegt, sondern an dem gleichnamigen hier schiffbar werdenden Fluß, müssen wir den Fluß etwa 1½ km im flachsten Überschwemmungsgebiet bis zur Einmündung in den See hinausfahren. Dichtes Schilf, Algen, Seerosen mit armdicken Stengeln und als Fahrrinnenmarkierung grauverwitterte, unheimlich wie hektische Gespenster hochaufragende Stangen säumen die Windungen des schmalen Flusses. Der See selbst wimmelt von aufpreschendem Wasserwild und Riesenfischen, »Forella« nennt sie unser nackter Kapitän und erweist sich als großer Redner vor dem Herrn.
Er erzählt uns, daß der See rund 50 km lang und bis zu 14 km breit ist (meine Spezialkarte bestätigt es) und wiederholt seine Größe ändert. Seine Seefläche kann bis zu 4 m höher steigen. Daher in manchen Häfen die klotzigen Molen hoch wie Staumauern mit eingelassenen Treppen. Die Türken waren mehrere hundert Jahre lang die Okkupanten Montenegros, doch hatten sich die Montenegriner, dauernd gegen die Türken revoltierend, als Unikum eine gewisse Selbständigkeit zu bewahren verstanden. Die Türken haben die Spuren ihrer Mißwirtschaft zurückgelassen, der See wirkt noch immer alttürkisch. Unser Redner erzählt Sagen von den Fischern, die verfallene Kirchtürme am Grunde des Sees gesehen haben und von der albanischen Stadt Skutari am andern (Ost-)Ende des Sees. Jenes östliche Seedrittel gehört zu Albanien – die Grenze geht quer durch den See – und die große Gartenstadt Skutari (Schkodra) hat dem See den Namen gegeben. Sie wurde vor Zeiten so hoch überschwemmt, daß nur die Spitzen der Minarette von den vielen Moscheen herausgeschaut haben. Übrigens versteht hier niemand das Wort Moschee, man muß Dzamija sagen, und auch unsere Bezeichnung Skutarisee ist unbekannt, erst Skadarsko jezero wird verstanden.
Durch den niedrigen Durchlaß im Straßen- und Eisenbahndamm kommen wir in den westlichen Teil des Sees und an der schreckhaft verfallenen Türkenfestung auf der unbewohnten Felseninsel Lesendra vorbei, ein Albtraum, wie er einem nur in Angstträume erscheinen kann. Die Landschaft rund um den See ist von gewaltiger Majestät und die imposanteste des gan-

zen Balkans. Kahle »schwarze« Karstberge umgeben das Einsturzbecken dieses größten Sees der Balkanhalbinsel. Er hat trotz einer gewissen Unheimlichkeit etwas Freies, Luftiges, ein typischer Karstsee, Eldorado für Fischer und Jäger, und mit wenigen Ausnahmen kein Badeparadies.
Nach einstündiger Fahrt, gesteuert von einem schweigsamen Jungen, kommen wir bis vor das Dorf Vranjina. Der nach wie vor lebhaft und witzig redende nackte Kapitän befiehlt, ohne Landung umzukehren, was bei dem deutschen Pärchen, sich um das Fahrgeld betrogen fühlend, Unwillen hervorruft. Aber das sumpfig glucksende, miasmenreich stockende schwarze Wasser ist nur 30 cm tief geworden. Das genügt allein den flachen Fischernachen Vranjinas. Vranjina wird von 300 Familien bewohnt, erfahren wir, alles Berufsfischer. Westlich gegen Eijeka riesige Seeflächendecken von Seerosen, man hat den Eindruck eines unabsehbar schwimmenden Blumengartens, den man begehen könnte.
Natürlich streikt auf der Rückfahrt unser röchelnder Motor mitten im See. Er ist schon fast ganz im eingedrungenen Wasser versunken. Nach allerhand Reparaturkunststücken geht schließlich alles gut ab, außer beim Aussteigen in Virpazar, mehr ein Waten mit triefnassen Füßen. Obwohl das verankerte weiße, mit Kajüten versehene Motorschiff »Ochod« einen spärlichen Verkehr über den ganzen See nach Fahrplan unterhält, scheint dieser nicht in den offiziellen Kursbüchern auf: nichts für fremde Touristen. Sie müßten in den diversen Kahnstationen Richtung albanische Grenze, da es kein Fallreep gibt, von derben Schifferfäusten gepackt, in die herankommenden Zillen förmlich hinabgeworfen werden, und das kann man nur den Eingeborenen zumuten und die finden es selbstverständlich. Der Skutarisee hat es noch nicht zu einem Fremdenverkehr gebracht, und das spricht sehr für ihn.

Nach dieser willkommenen Virpazarer Unterbrechung fahre ich auf dem letzten Stück der Hauptbahn nach Bar, wie Antivari jetzt heißt. Fuhr man mit der alten Schmalspurbahn – es gab nur ein Zugspaar – *über* das Gebirge in vier Stunden, geht es heute *unter* dem Gebirge auf halb so langer Strecke (21 km) in einer halben Stunde. Wir durchfahren in modernen Waggons rasch den längsten Tunnel Jugoslawiens (schnurgerade 6 km lang). Auch die Strecke selbst, sanft fallend, ist vielfach schnurgerade.

Aus dem Tunnel heraus, wird man vom unabsehbaren Meeresglanz geblendet: wie mit einem Zauberschlag weitet sich eine ideale Sonnenküste. Aufgereiht die im Handumdrehen modernisierten, heute vielbesuchten Badeorte der Adria an der großen, von Autos aller Nationen überrasten Küstenstraße der Jadranska Magistrale.

Wie primitiv war es hier noch vor wenigen Jahrzehnten! Im »Illustrierten Führer durch Dalmatien (Wien und Leipzig 1909)« können wir's nachlesen: »Von Antivari vermittelt ein elender Saumweg den Zugang nach Skutari, der Hauptstadt von Oberalbanien. Von Touristen dürfte dieser Weg schwerlich eingeschlagen werden. Dennoch geben wir einige Anhaltspunkte, um den Reisenden, der diese Tour dennoch wagen wollte, nicht ganz und gar ohne Führung zu lassen. Der Weg ist, wie gesagt, elender Saumweg. Zu dessen Überwindung braucht man nicht weniger als neun Stunden. Rechts und links nur kahle Karsttrümmer und Felsen, ab und zu in der Tiefe ein Dörfchen mit seinen trichterförmigen, schwach bebauten Karstlöchern. Vielleicht kann man in einem armseligen Chan (Einkehrgasthaus) Mittagsrast halten, bekommt aber nichts außer schwarzem Kaffee, Zisternenwasser und Schafkäse ...«

Ja, damals brauchte man sich nicht Zeit zu nehmen, man hatte sie. Waren die Einheimischen in ihren primitiven Lebensformen nicht zufriedener als heute, wo sie sich in Fremdenverkehrshektik erschöpfen? Die alte Ruhe und Beschaulichkeit gibt es nur noch verstreut im Landesinnern, das in all der Steinwildnis unverhofft mit kleinen grünen Oasen überrascht: Erosionen, in geschützte Dolinentrichter gekauert, Glück im Winkel. Ein paar Weinstöcke, jeder einzelne umgeben von einem Rundmäuerchen, werden als Schatz gehütet. Am Skutarisee habe ich in Boboviste, wohin man nur zu Schiff oder vom Land her auf Maultieren kommt, außer Feigenhainen einen ganz großen Wein*baum* gese-

hen. Die Kinder erkletterten ihn jubelnd und warfen mir dunkle Riesentrauben herab.
Hier an der Adria begleiten den Küstenstrich herrliche Ölbaumwälder, Dutzende Kilometer in die Länge gedehnt. Sie sind der Türkenzeit zu danken, wo jeder junge Mann erst heiraten durfte, sobald er vierzig Ölbäume gepflanzt hatte.

Gibt es eine langsamere Eisenbahn?

Nicht eine kleine Schmalspurbahn, nicht im Gebirge mit engsten Serpentinen und stärksten Steigungen, es ist eine Vollbahn, normalspurig, absolut eben und ohne nennenswerte Kurven, in Zentralungarn, mitten in der Großen Ungarischen Tiefebene, im Alföld, dem flachsten Schwemmland zwischen Donau und Theiß: die Bahn von Cegléd nach Hantháza. Ich habe im ungarischen Tiefland, das so lang ist wie die Entfernung von Prag nach Zara, kaum eine der vielen kleinen Schmalspurbahnen ausgelassen, aber keine war so langsam wie diese Vollbahn.
Die Züge brauchen für die ersten zehn Kilometer eine Stunde, die restlichen zehn Kilometer bewältigen sie in einer halben. Pro Kilometer bis zu 13 Minuten, so lang wie ein Fußgänger, der gar nicht ein besonders guter sein muß. Die (selbstverständlich eingeleisige) Strecke beginnt auf dem Bahnhofsvorplatz von Cegléd, einer sehr belebten Hauptstation der elektrifizierten Expreßzugslinie Budapest-Bukarest und führt sofort, und das mag manches verständlich machen, wie eine Straßenbahn durch die schier endlos in die Länge gezogene Stadt Cegléd. Schranken gibt es nirgends. Mächtige Lokomotiven ziehen viele Personenwagen, alle gut besetzt, und noch mehr Lastwagen knapp an der Häuserreihe vorbei. Es geht den Gehsteig unmittelbar entlang, der zugleich eine schöne Allee ist, welche Gehsteig und Gleis zugleich beschattet, und über große Plätze. Alle paar Schritte ein Haustor und vor jedem ein ungeschützter Gleisübergang, größte Vorsicht geboten! Große Kirchen. Auch vor der Prachtkuppelkirche mitten in der wohlhabend wirkenden, auf breiten Straßen von tätigem Leben und Fuhrwerken erfüllten, in Schachbrettform angelegten Stadt hält der Zug an. Zahlreiche Zu- und Absteigende verlängern die Aufenthalte. Es kommt vor, daß die meisten der hinten angehängten Güterwaggons auf der eingelei-

sigen Strecke mitten in der Stadt einfach stehen gelassen werden, so lang, bis der Zug nach ein paar Stunden wieder zurückkommt und die inzwischen beladenen oder entladenen Waggons nun vor sich herschieben muß. Auch das ist ein Kuriosum.

Ein Kuriosum ist auch der Umstand, daß die vielen Stationen dann außerhalb der Stadt, obwohl sie nahe aneinander liegen und ausnahmslos nur ein kurzes zweites Gleis, das Magazinsgleis, haben, daß sie alle – als sei es eine vielbefahrene Hauptstrecke mit Schnellzugsverkehr – durch Vorsignale und Semaphore abgesichert und diese zum Überfluß auch noch frisch lakkiert sind. Sie zeigen allerdings immer auf Frei. Nirgendwo habe ich auf einer Lokalbahn diese allein bei Hauptbahnen unbedingt nötigen Signale gesehen, sie sind ja bei einer nur 20 km langen Strecke mit einer einzigen verkehrenden Garnitur (wie der Fahrplan ausweist) üblicherweise überflüssig. Im Gegensatz zu dieser Übersorgfalt erscheinen in allen Stationen außer Gerje und der Endstation die Magazinsgleise wild verwuchert, am dichtesten, aber auch am schönsten in Ereklyés, da sind es herrliche Königskerzen, und ein zur Beladung abgestellter Waggon müßte darin stecken bleiben.

Es ist auffallend, daß in den letzten Stationen, als wir schon längst außerhalb der Stadt im Freien sind, das Bahnpersonal aussteigt und die Räder und Bremsen inspiziert, eher besorgt als sorgsam sich besprechend, bevor es wieder zögernd weitergeht.

Die Pusztalandschaft ist keineswegs langweilig. Endlose majestätische Pappelreihen, da und dort ein Wasserturm mit häßlichem Kropf statt Kopf, Tanjas, fruchtbares Grünland wechselt mit grauen Sandflächen, vordringende Industrie ist eingestreut, und natürlich die unvermeidlichen Pusztabrunnen, aufragend aus rohen Stämmen gefügt.

Endlich Endstation Hantháza mit den üblichen drei Geleisen. Unüblich das Fehlen des Heizhauses, wie es sonst alle Lokalbahnendstationen haben (hier übernachtet offenbar kein Zug). Man spart mit Bauwerken, das Stationsgebäude liegt ziemlich öd mitten in der Puszta, nur verschönt durch eine Baumgruppe. Aber viele offene und geschlossene Güterwaggons deuten auf eifrigen Frachtenverkehr. Sollte es viele Güterzüge geben, wä-

ren die vielen Signale erklärlich. Hunde nehmen ängstlich Reißaus, Katzen bleiben hoheitsvoll sitzen, das ist schon orientalisch. In die leere Puszta hineingehend, stoße ich auf eine staubende, rechtwinklig kreuzende Autostraße mit einer Csárda, eher ein Vendeglö, klein und muffig. Bauern und Chauffeure kommen und gehen und alle trinken Bier direkt aus der Flasche, und verwundert frage ich den gut deutsch sprechenden Wirt, warum das? Sind wir nicht in einem Weinland? Eben deshalb, erwidert er lachend, Wein haben sie alle genug zuhaus im Keller.
Ich bleibe der einzige, der Wein trinkt, und das wundert wieder die andern. Als ich dazu eine Semmel verlange, greift der Wirt hinter sich in einen unappetitlichen Pappkarton und holt daraus eine hervor, doch bevor er sie mir überreicht, schlägt er die Semmel mit voller Wucht auf den Schanktisch, es kracht wie ein Pistolenschuß, um mir, wieder lachend, zu demonstrieren, wie steinhart sie ist. Ich bestelle Gulasch, aber es wird mir eine wässerige Suppe kredenzt, darin Flachsen wie fahle Minifischleichen schwimmen; und da erst fiel mir ein, daß man in Ungarn, will man echtes ff. Gulyás genießen, pörkölt verlangen muß. Noch besser würde die magyarische Spezialität töltöt káposzta (fleischgefülltes Kraut) schmecken, doch so weit hat man es hier noch nicht gebracht.
Von dem intelligenten Wirt habe ich gelernt, was die Farbunterschiede der Hausanstriche in gewissen Gegenden Ungarns verraten. Ungarland ist von diversen Nationen besiedelt. Die Magyaren haben weißgekalkte Häuschen, auch gelblich eingefaßt, die Kroaten waschblaue, am praktischsten, weils mit der Wäsche in einem geht, die Schwaba haben rosa Häuschen, die Mischvölker in der Tokayer Gegend rot-braune mit Zeltdächern.

VIERMAL KORSIKA

Der Marquis, idealer Reisegefährte

»Wenn ich als Blinder übers Meer führe«, hat Napoleon gesagt, »würde ich meine Heimat schon von weitem erkennen: an ihrem Duft.«

Und Maupassant: »Das ist das Maquis, die undurchdringliche Macchia, bestehend aus grünenden Eichen, Wacholder, Erdbeeren, weiß- und malvenfarbig blühenden Lentisken, Erika, Lorbeer, Thymian, Myrthen und Buchsbaum, der all dies miteinander verbindet und verwachsen läßt wie struppiges Haar, Schlingen wilden Weins, groteske Farne, schmarotzende Misteln, Geißblatt, Zysten, Rosmarin, Lavendel, Brombeeren, Dornen – ein Dickicht, das die Bergwände unentrinnbar bedeckt.«

Derart einigermaßen vorbereitet, fuhr ich von Livorno aus übers Meer weder blind noch sehend: es war eine stockfinstere Mittelmeernacht. Auch von Duft nichts zu spüren. Die Kajüte ein stickiger Winkel, von Schlaf keine Rede, Schweiß drang mir aus allen Poren, das Bullauge so klein, daß man nicht einmal den Kopf hinausstecken konnte, um einigermaßen Luft zu bekommen. Erst auf der Rückreise machte ich es gewitzigt wie die andern: des Nachts als einfacher Deckpassagier im Freien im Liegestuhl zu dösen, in guter Luft schlafend. Auch von Elba, daran wir mitternachts vorbeikamen, sah ich so gut wie nichts. Und als wir im Morgengrauen, das mit Silber gemischt war, im Angesicht der zackigen Felsen Korsikas in Bastia am Kai festmachten, war es eine Stunde wieder nichts: so lange ließen die französischen Zöllner auf sich warten, ehe sie die Kontrolle vornahmen.

Die Begrüßung durch die Grande Nation, von der wir in der Französischstunde gelernt hatten, war nichts weniger als grande. Die derben Zöllner nahmen eine gierige Gepäckvisitation vor, wollten meine neuen weißen Leinenschuhe beschlagnahmen und rissen mit schwärzest gerandeten Fingernägeln meine Zigarettenschachteln auf. Sie ließen zwar mit sich reden, aber sie redeten nicht gerade französisch, eher italienisch, jenen Dialekt, den man korsisch nennt. Es waren offenbar nicht die richtigen Vertreter der Grande Nation.

Die oder vielmehr den lernte ich ein paar Stunden später im Zug kennen, welcher Korsika von Bastia nach Ajaccio so ziemlich der Länge nach durchquert, eine Schmalspurbahn, ganz nach meiner Passion. Unverhoffterweise geriet ich in die Gesellschaft eines Marquis, ich kanns nicht anders sagen, auch wenn er keiner gewesen sein sollte, eines Marquis so echt französisch, wie er in Literatur und Kino vorkommt. Es war im Salon Erster Klasse, der den halben Waggon einnahm, mit ausziehbarem Tisch, Rauchtischchen samt Zigaretten, kleiner Bibliothek, Drehfauteuils und Chaiselongue. Wir beide waren die einzigen Nutznießer dieses Reiseluxus, von dem man auf unseren Eisenbahnen nur träumen kann.

Der reizende alte Herr von zartem und doch kräftigem Wuchs, mit sonngebräuntem Gesicht, weißem Spitzbart à la Exzellenz und jener diskreten Eleganz und Kultur, die sofort für sich einnimmt, kurz, der Geist jenes Frankreich, welches immer noch lebt. Ein klassisches Französisch sprechend, das mein Schulfranzösisch aufs Freundlichste tolerierte, informierte er mich während der sechsstündigen Reise mit der natürlichsten Kameraderie über all das, was vor unseren Augen abrollte: Anschauungsunterricht im wahrsten Sinne des Wortes.

Sofort nach dem Verlassen des Bahnhofs von Bastia ein langer Tunnel und dann an der Küste südlich längs den brackwasserigen Niederungen des Ligurischen Meeres. Wir blickten auf Alleen von riesigen Eukalypten, und er sagte, sie saugen die Feuchtigkeit in sich auf, wodurch die malariaverseuchten Küstensümpfe verschwinden sollen. Hinter Casamozza westlich ins Landinnere, wir fahren das enge Flußtal des Golo windungsreich aufwärts. In der Höhe verstreute Dörfer. Hinter dem ungesunden Ponte Leccia, wo ein Flügel nach Calvi abzweigt, beginnt die Trasse stärker zu steigen. Es wird einsamer. In den engen Serpentinen zwischen phantastischen Felsformationen nach

Corte hinauf. Auf einer Felsenspitze die Altstadt Corte mit einem Durcheinander schwarzer Häuser. Die Gegend ist großartig und melancholisch.
»Wunderbare Landschaften«, sagt der Marquis auf der Weiterfahrt, »aber sonst nichts. Keine Arbeit. Wenig Landwirtschaft, allein Öl und Käse. Wenig Wasser, Granitboden. Nur Hirten oder Händler. Darum müssen so viele Korsen auswandern, obwohl hier, im Zentrum der Insel, die glühendsten Patrioten sind, Nachkommen der Widerstandskämpfer. Die Intelligenz studiert in Paris und bleibt auf dem Kontinent. Andere wieder verdienen ihr Leben in den fernen Kolonien, auch werden sie gern Gendarmen oder Soldaten. Aber ihren Urlaub verbringen sie ausnahmslos in der Inselheimat. Darum sieht man hier Leute aus aller Welt. Da, eine Anamitin!«
Wir halten nach dreistündiger Fahrt in Vivario, altitude 600 m, schon im Innern des wilden Korsika. Wir erfreuen uns am breiten Gesicht der Anamitin, ihren schräggeschlitzten Augen, den blühenden Wangen, ein vitaler und zugleich rührender Typ, vielleicht fünfzehn Jahre alt; der Vater ist Korse und Besitzer des Bahnhofsbuffets, erzählt mir der Marquis, die Mutter Anamitin. Als ich kurz die zweite Klasse besuche, finde ich eine Familie aus Marokko: Madame dick, schmuckbehängt, ein schwitzendes Faß, Monsieur schmal, bleich, verärgert, und beide überängstlich besorgt um die zwei Töchterchen, die schüchtern aus großen braunen Augen blicken.
Zerrissene Felsschroffen, die höchsten Gipfel gegen 3000 m im Nebel, und auf dem Monte Rotondo, dem zweithöchsten Berg Korsikas, so sagt der Marquis, »will Ferdinand Gregorovius – wissen Sie, daß der Ostpreuße eigentlich Fuchsmund hieß, – die Urstätte der Natur gefunden haben.« Wir sehen an den Nordhängen Schnee. Urweltliche Steinblöcke verrammeln die Täler. Tief unter uns steinerne Straßenbrücken, auffallend im Winkel zur Straßenachse – ja, erfahre ich, Zweckbauten der Genuesen. Immer höher keucht der Zug unter seiner schwarzen Rauchfahne, unwahrscheinliche Kehren, schwindelnde Viadukte, Tunnels, Einschnitte, Schluchten, die keines Menschen Fuß je beschritten hat. Düstere Hochwälder, Tannen, Fichten, Föhren, sie erinnern

an den Böhmerwald. Dazwischen die Macchia, dornenreiches Buschwerk, das undurchdringliche Maquis, und endlich spüre ich den Duft, und der Marquis zeigt hinaus: »Schlupfwinkel der Banditen! Die Natur ist es, welche die menschlichen Lebensformen schafft. Sie werden ja wohl gehört haben von Romanetti, der vor drei Jahren, 1925, durch Verrat getötet wurde. Er war der König der Banditen, le roi du maquis, der Nationalheld Korsikas. Von den Gendarmen, ja vom Militär, das gegen ihn aufgeboten wurde, hat er sich nicht finden lassen, wohl aber von schönen Frauen.«

»Ja, man hört von Banditen und Briganten, auch unsere Zeitungen schreiben viel darüber.«

»Sagen Sie nicht Briganten«, droht mir der Marquis lächelnd, »Sie würden sich zumindest unbeliebt machen und nur als unkundiger Fremder entschuldigt werden.«

»Und der Unterschied zwischen Banditen und Briganten?«

»Ein großer, mon jeun ami! Bandit ist in Korsika sowas wie ein Ehrenname, Brigant ein Schimpfwort. Wenn gegenwärtig in den Zeitungen zu lesen ist, daß das Räuberunwesen auf Korsika wieder überhandnehme, daß einheimische und fremde Reisende mit ›Hände hoch!‹ auf abenteuerliche Weise zumindest ausgeraubt werden, so sind das Taten landfremder Elemente. Sie haben es auf ihren eigensten Vorteil abgesehen. Sie sind zum erstenmal in den Kriegsjahren und den Wirren der Nachkriegszeit aufgetaucht, geflüchtete Sträflinge, Marodeure, feige Nutznießer der alten Blutrache, der Vendettatradition. Der echt korsische Bandit bekämpft sie nicht selten auf Seite der Gendarmen, vraiment! Es ist der leidenschaftliche und tragische Kampf des Heimischen gegen das Fremde. Nicht umsonst haben die Korsen fünfhundert Jahre lang gegen die genuesische Herrschaft blutigste Bürgerkriege geführt; erst 1768 hat Genua die Insel an Frankreich verkauft.«

»Bandit kann nur ein Einheimischer werden?«

»Natürlich! Ein Mißverständnis beim Kartenspiel, ein verweigerter Tanz, die Beleidigung einer Schönen, irgendeine an sich harmlose Aneignung ... und schon entbrennt ein Streit auf Leben und Tod unter den südlichen Hitzköpfen, schon kracht ein

Pistolenschuß. Der Revolver ist dem Korsikaner unentbehrlich wie uns das Taschentuch. Man schießt so oft wie man mit der Peitsche knallt. Man schießt zum Vergnügen in die Luft und man schießt aus verletztem Ehrgefühl auf den Beleidiger. Viele Feste auf Korsika enden damit, daß einer sich im Blut wälzt. Was unmittelbar nachher geschieht, fällt ganz aus dem Rahmen europäischer Vorstellungen und Gepflogenheiten. Nur in der Genueser Periode gab es etwas Ähnliches und in den germanischen Ländern vor Christus.«
Er wird unterbrochen durch den Halt in Vizzavona, altitude 906 m ist am Stationsgebäude zu lesen, höchster Punkt der Bahn inmitten prachtvoller Hochwälder, unmittelbar vor dem Scheiteltunnel der Semmeringe Korsikas. Alles steigt aus, auch wir, um am langen, appetitlich weiß gedeckten Tisch des Restaurants im Bahnhof das schon vorbereitete Mittagessen einzunehmen. Eine Stunde Aufenthalt für zwei Dutzend angeregt Essender und Trinkender. Meiner alten Passion getreu, zeichne ich draußen schnell den Geleiseplan von Vizzavona, während die Lokomotive Kohle und Wasser faßt. Ich tue es umso lieber, als die Anlage von der bei uns üblichen abweicht. Kein Mensch nimmt an meiner Tätigkeit Anstoß, und der Marquis hat nachsichtiges Verständnis dafür.
Während der Mahlzeit setzt der Marquis nach einem kurzen Hinweis auf den Sommer- und Winterkurort Vizzavona fort:
»Der Pistolenschütze flüchtet in die Einsamkeit der Bergwelt, in die Macchia. Er entzieht sich der staatlichen Verfolgung. Zugleich lädt er den Fluch der Familie des Getöteten auf sich. Sie ist nach uralter korsischer Tradition zur Blutrache verpflichtet. Er hat zwei Gegner zu fürchten: die Justiz und die Selbstjustiz der Vendetta. Falls er weiter in Freiheit oder auch nur leben will, darf er sich nicht mehr blicken lassen: er wird zum Banditen. Einem Unschuldigen oder gar einem Fremden krümmt er kein Haar. Aber da ihn seine unmittelbaren Gegner verfolgen bis in den Tod, wehrt er sich bis in den Tod. Ein letzter ›bandit d'honneur‹ existiert noch, André Spada, mehrmals in contumacium zum Tode verurteilt. Man ist seiner noch nicht habhaft geworden.«

Weiterfahrend, erreichen wir nach Durchquerung des vier Kilometer langen Scheiteltunnels die andere Seite Korsikas, das südliche Gefälle gegen Ajaccio hinunter. Rauchsäulen, vereinzelt aus den Bergwäldern aufsteigend, zeigen wohl Köhler an? frage ich den Marquis. Doch folgt sofort meine zweite Frage, als ich auch gewaltige Rauchwolken, von Feuerschein gerötet, erblicke: Das seien aber richtige Waldbrände?
»Sie haben in beiden Fällen recht. Das eine stammt von Köhlern, das andere von Brandstiftern.«
»Von Brandstiftern?«
»Jawohl. Von Brandstiftern, die dadurch ihren Lebensunterhalt sichern.« Und in mein nicht sehr weises Gesicht hinein, fährt er fort: »Das sind die Hirten. Die Korsen sind seit Urzeiten ein Hirtenvolk. Ihre großen Schafherden brauchen Futter. Haben sie alles abgefressen, woher frisches Futter nehmen? Einzige Abhilfe: die Wälder anzünden. Les incendies, die niedergebrannten Wälder, lassen Brandstätten zurück, welche ihnen raschest den idealsten Futterwuchs garantieren. Er schießt empor wie in Kanaan. Es entsteht in weiterer Folge das Maquis, welches wieder den Banditen das Leben garantiert ... Eines greift ins andere, das eine bedingt das andere. Es ist noch niemals gelungen, die Brandstifter zu fassen, sie halten zusammen wie Pech und Schwefel. Das ist ihr Stolz, und der echte Korse ist obendrein stolz auf seinen Stolz. Nun aber, Sie sehen es ja, sind wir in freundlicheren Gegenden.«
Da rollen die Bilder umgekehrt vor uns ab: je tiefer wir kommen, umsomehr bleiben die kahlen Felszacken und Nadelwälder zurück. Laubwälder folgen, und mittendrin, von hohen Kastanienwäldern und Brunnen umrauscht, liegt Bocognano, anmutig und promenadenreich. Der Bahnsteig ist voll von erholungsuchenden Gästen, ein buntes heiteres Leben, wie es Städter auf dem Lande lieben.
»Bocognano ist der kühlschattende Sommerkurort der Ajaccesen, immerhin noch über 600 m Seehöhe«, sagt der Marquis, und als ich mir wieder den Geleiseplan skizziere, fügt er hinzu: »Ich kann mich des Eindrucks nicht erwehren, daß Sie hauptsächlich unserer Bahn wegen nach Korsika gekommen sind.«

Alles erscheint südlicher, milder, kultivierter. Nach einer weiten Umfahrung in einen tiefen Graben hinein, wohl der letzten, kommen wir wieder ins Haupttal der Gravona hinaus, und ich erblicke plötzlich eine Pinie. Und dort, weiter unten, Zypressen, ein Zypressenhain! Üppig sonnengrün wird die Landschaft, und da schimmert auch schon das Meer. Alle Passagiere drängen sich an den Fenstern, als wir zwischen den ersten Häusern von Ajaccio den Strand der hellblau geschwungenen Bucht entlang fahren. Die Bahn endet am Nordende der Stadt unmittelbar an der innersten Bucht. La Marina heißen in ganz Korsika die Ortsteile am Meer.

Beim Abschied sagt der Marquis: »Man kann Korsika die Insel der brennenden Wälder nennen, aber auch die schönste des Mediterrané. Es gibt keine andere Mittelmeerinsel, die so herrliche nordische Riesenwälder und subtropische Vegetation in sich vereinigt. Sie ist absolut einzigartig. Im Winter kann man binnen zwei Stunden vom Bad in Ajaccio – Klima wie in Madeira! – zum Rodeln und Skifahren oben in Vizzavone wechseln. Der Kondukteur, unten im ausgeschlagenen Hemd, zieht oben den Pelz an, und wieder zwei Stunden weiter unten in Bastia geht er wieder im Hemd. Vielleicht rührt es auch daher, daß die Alten die Insel ihrer einmaligen Vielfalt wegen Cyrnos genannt haben, die Allerschönste.

Übrigens, sollte Ihnen Spada über den Weg laufen, hüten Sie sich vor ihm!« Er lächelte besänftigend: »Obwohl er Ihnen nichts machen wird. Aber seine Nähe kann gefährlich werden – der Verfolger wegen. Er ist schon ein wenig zum Briganten entartet. Er ist in Lopinia zu Hause, ein amphitheatralisches Felsennest unweit von Ajaccio. Sollte man seiner habhaft werden, ist ihm das Schaffott sicher*). Merken Sie sich den Namen Spada! Klingt er nicht wie Degenklirren? Nomen est Omen, le nom oblige. Man sagt, er sei nicht ein schwerer Säbel, sondern ein leichtes Florett. Spada ist rein italienisch und heißt Degen. Spadassin, die französische Ableitung, bedeutet Raufbold.«

---

*) Tatsächlich wurde er ein paar Jahre später, 1933, nachdem er sich im Nachthemd und das Kruzifix in der hoch erhobenen Hand, ergeben hatte, guillotiniert.

»Vive l'empereur!« in Ajaccio

Ajaccio erscheint, wenn man zu Schiff ankommt, Palermo nicht unähnlich: sehr gelb, drei große zum Meer geöffnete Plätze voll staubiger Palmen, eher afrikanisch; kommt man zu Bahn vom Land (warum soll man nicht »zu Bahn« sagen dürfen, wenn »zu Schiff« erlaubt ist?), schaut Ajaccio wie Ajaccio aus: sehr korsisch und am korsischesten das Geburtshaus des großen Korsen. Im Zentrum der muffigen holprigen Altstadt gelegen, ist es, obwohl dreistöckig, schon von außen düster und erst recht im Innern und sehr eng (gleichwie in Wiens Innenstadt Grillparzers Wohnhaus, darin er seine Jugendjahre verbringen mußte, düster und eng war und ist). Und wäre es nicht besser gewesen, wenn Napoleon statt Kaiser Dichter geworden wäre? Hat er nicht alle Schlachten zuerst in der Phantasie schlagen müssen? Kaiserin Elisabeth von Österreich hat, als sie dieses Haus betrat, gesagt: »Welch ein Mann! Nur schade, daß er nach einer Kaiserkrone trachtete!«
Als ich am 1. August in die Pension Belge inmitten eines herrlichen Parks am Badestrand der Route de Sanguinaires einzog, wo die belgische Fahne wehte, der Padrone aber deutscher als deutsch sprach und auf meine Frage, ob immer so herrliches Idealwetter wäre, antwortete: »Immer! Aber am 15. August um zwei Uhr nachmittag wird es etwa eine Viertelstunde regnen« – war mein Lachen ein Auslachen. Er blieb dabei: »Sie werden sehen! Und am selben 15. August ist Napoleons Geburtstag, da dürfen Sie das Fest der Bonapartisten nicht versäumen.« Ich versäumte beides nicht, weder den Regen noch die Bonapartisten. An den Regen, schon vierzehn Tage vorher angekündigt, glaubte ich bis dreiviertelzwei nicht, als plötzlich ein winziges Wölkchen am makellos blauen Himmel über dem Meer erschien und alsbald wieder verschwand, nachdem es tatsäch-

Haus Napoleons
Corsika
Im Schatten
Napoleons

lich zehn Minuten geregnet hatte. Der Regen rieselte zart und lau wie aus einer Gießkanne. Es machte niemand etwas aus, am wenigsten den Bonapartisten. Sie hatten sich schon am Vormittag um das pathetische Riesendenkmal Napoleons versammelt. Napoleon hoch zu Roß als römischer Imperator, umgeben von seinen Brüdern, schaut von dem Platz, der eher einem riesigen Sandbad gleicht, aufs Meer hinaus, der kleinen Stadt, welche gern groß sein möchte, den Rücken kehrend.

Es sind einige hundert altmodisch in Schwarz gekleidete Männer und eine Handvoll Frauen, und zahlreicher sind die barfüßigen Kinder. Die Kinder eröffnen den Zug, sobald die Ansprachen und Kranzniederlegungen zu Ende sind. Den Kindern folgt, an der Spitze der eigentlichen Menge, ein freundlicher Polizist in gelber Leinendreß, auf dem schwarzen Lockenhaupt schief das französische Käppi. Er freut sich wie die Kinder, er tänzelt dahin, zuvorkommend lächelnd.

Hinter ihm die uniformierte Musikkapelle, die Bande Municipale, sie spielt ohne Unterbrechung Napoleons Hymne, die Ajaccienne. Rasante Rhythmen, Trompeten schmettern, Fanfaren und Trommeln, Tschinellen, ohrenbetäubend. Der Kapellmeister, dick und graubärtig, trottet ziemlich überflüssig nebenher, er verschwindet im neugierigen Volk, man sieht ihn nicht, man hört nur seine Trillerpfeife, die ihm anstelle des Taktstocks zur Verständigung mit den Musikern dient. Zwei hastig schreitende Fahnenträger senken die rotweißblaue Trikolore mit dem Napoleonischen Adler so tief, daß die langen Goldfransen den Boden streifen und zwei Ratten flüchten.

Weiter durch die engen heißen Gassen der Altstadt unter zum Trocknen gespannter bunter Wäsche, darin die paar ausgesteckten Fahnen untergehen. Man eilt in kurzem Gleichschritt zur Kathedrale, die in dieses verwirrende Winkelwerk hineingepfercht ist. Auf den Stufen zum Portal wartet der Klerus in vollem Ornat, lächelnd nach allen Seiten grüßend. Alles drängt in die Kathedrale, in die wohltuende Kühle. Keine Bänke, nur Sessel. Um sie entbrennt ein regelrechter Kampf. Es heißt sie erst in einer seitlich angebauten Kapelle, die als eine Art Garderobe dient, entlehnen und an den gewünschten Platz tragen. Was für

ein Gekrach und Gepolter! Die Geistlichen versuchen mit lauten Begrüßungen – ist man wirklich in einer katholischen Kirche? – die Plätze anzuweisen. Zugleich beginnt die Orgel zu dröhnen. Die Priester singen und der Chor singt auch während des Sanktus. Ein pompöses Hochamt!
Die Andächtigen verdienen diesen Namen nicht. Junge Mädchen kichern, zeigen einander Fotos, kokettieren, die meisten Frauen – es gibt auf einmal viel fremde Damen – sitzen mit übereinandergeschlagenen Beinen sehr freigebig da. Eine Mondäne drückt den Rosenkranz und besieht sich dazwischen in kurzen Abständen im Taschenspiegel. Sie holt ihn aus dem Täschchen, zieht ihr Lippenrouge nach, studiert die Nähte ihres sehr durchsichtigen Kleides, streicht genießerisch über ihre Seidenstrümpfe. Hunderte Fächer sind in Bewegung wie Flügelschlagen. Alle Parfums Frankreichs mischen sich in den Weihrauchduft. Während der Wandlung werden die ungebärdigen Kinder von den Sesseln gehoben und die Sessel durch ein paar Handgriffe in Betschemel mit Vorderlehne verwandelt: das Gekrache erreicht seinen Höhepunkt.
Aber gerade in diesen Respektlosigkeiten der fremden Gäste fallen die unbeweglich gesenkten Köpfe der Einheimischen in schwarzer Landestracht auf. Nach dem Gottesdienst schlängelt sich der lärmende Zug wieder durch die Gäßchen und macht vor dem Geburtshaus Napoleons Halt. Und man singt im wirbelnden Takt der Ajaccienne:

»A genoux, citoyens et frères!
Son ombre descend parmi nous!
Dans Ajaccio sur les pierres,
Citoyens et frères, à genoux!«

(In meiner Übersetzung:)

»Auf die Knie, Bürger und Brüder!
Sein Schatten senke sich allhie!
In Ajaccio auf die Steine nieder,
Bürger und Brüder, auf die Knie!«

Aus den Cafégärten lächeln die sonngebräunten Gesichter der republikanischen Offiziere. Hinter ihren farbigen Apéritifs nikken sie der monarchistischen Demonstration zu. Und weiter trottet der bis auf die Unentwegten zusammengeschmolzene Zug zum Clublokal des »Cercle Napoléon«, einem Café im Zentrum der Stadt. Noch einmal die Ajaccienne, die Pauken ... Schweißtriefend pusten die Bläser in die Tuben. Plötzlich ruft jemand aus dem Hintergrund:
»Vive l'Empereur!«
Neugierig und überrascht wendet man sich nach ihm um. Der Rufer errötet halb stolz, halb verlegen. Die zerlumpte Kinderbegleitung lacht fast schadenfroh ... Die Musikanten stürzen zu den im Schatten stehenden Tischen, schlürfen die giftgelben Getränke hinunter und grölen ungeniert nach dem Freidinner. Allein der Mann, der »Vive l'Empereur!« gerufen hat, geniert sich und schleicht mit hängendem Kopf einsam in der erbarmungslosen Sonne die steile Rue de la Préfecture hinauf und davon.

Monsieur Romanetti per Adresse in der Macchia

Wer nicht mit dem Zug abfahren will, vermag nicht auf den Bahnsteig dieses an den Enden der Gleise quergestellten Bahnhofgebäudes von Ajaccio vorzudringen, so abgesichert für Unbefugte ist's und außerdem ist die ganze Rangieranlage von Mauern umgeben, die eine Übersicht von außen unmöglich machen. Es ist mir weder bei der Ankunft mit dem Marquis gelungen, den Gleisplan zu skizzieren, noch jetzt, und so muß ichs bleiben lassen. Ich tröste mich: auch eine kleine Bahn hat einen großen Bahnhof wie diesen – und ein großer kann mir gestohlen werden.

Unschlüssig schlendere ich über den breiten Cours Napoléon, die lärmende schnurgerade Hauptstraße des modernen Ajaccio. Die Präfektur, das Theater Saint Gabriel, die Hotels ... Es ist sehr heiß. Vom Innern des Landes glühen die Felswände rot über die Öltanks. Übermüdet bleibe ich vor einem Fotoladen stehen. Der Fotograf hat seine Bilder ausgehängt. Es sind gute Landschaftsaufnahmen vom Inneren Korsikas. Ich trete ein, blättere in den Albums: Dörfer wie Adlernester, Volksszenen.

Dazwischen stoße ich immer wieder auf einen Kopf mit freundlichen, ja gütigen Augen, ein breites Gesicht mit starken Backenknochen und einem Schnurrbart wie ein ausgedienter Sous-Off'. Es erinnert beinahe an das Gesicht Maupassants, aber ohne seine Stirn, ohne seinen Geist. Das wird wohl ein braver Deputierter sein? Es folgen Bilder, die den Mann bewaffnet zeigen, nun, das ist auf Korsika üblich. Doch sieht man ihn auch auf einer wüsten Felsplatte, bis auf die Zähne umgürtet mit Pistole, Dolch, Gewehr, Granate, und er kniet, wahrhaftig, hinter einer Mitrailleuse.

»C'est Romanetti, Nonce Romanetti, bandit, le roi du maquis«, sagt mir die junge Verkäuferin, offenbar die Tochter des Hauses.

Sie ist von gelber Hautfarbe, mager, schwarzhaarig, in ihren Augen Trauer und Stolz, ein echt korsischer Typ.
Romanetti ist nach dem historischen Nationalhelden Napoleon der gegenwärtige Korsikas, und erst 1925, vor drei Jahren getötet worden, so hatte mir ja schon der Marquis berichtet. Ob er weit von hier gelebt, fast hätte ich gesagt, sein Unwesen getrieben habe, fragte ich die junge Verkäuferin. – Nein, gibt sie zur Antwort, führt mich hinaus und zeigt auf die nahen Berge: »Dort oben, wenige Kilometer entfernt, in Calcatoggio.«
Als ich meinem belgisch-deutschen Padrone meine Absicht kundgebe, Calcatoggio zu besuchen, Romanettis wegen, weiß er eine Szene zu erzählen, die er mit ihm kurz vor seinem Tod erlebt hat. Wer habe ihn nicht gekannt? Es war so, erzählt er, daß einmal um zwei Uhr nachts an der Gartentür geläutet wurde, er öffnete und sah Romanetti vor sich. Er wollte mit einem Gast der Pension sprechen, aus politischen Gründen, mit dem Fabrikanten Coty, dessen Parfums die ganze Welt kennt. Der Hausherr mußte den Schlafenden wecken und es kam zu einem seltsamen Rendezvous unter dem alten breitästigen Maulbeerbaum. Zu dritt saßen sie um den runden Tisch, und die vier Begleiter Romanettis ruhten im Kreis herum auf der Erde. Es war seine Leibgarde, alte Gebirgler, mit langen grauen Bärten, und sie strotzten von Pistolen, Jagdgewehren und Handgranaten. Alles scharf beobachtend, waren sie nur die sichtbaren Wächter; die unsichtbaren, eine ganze Kompanie, hatten schon seit Mitternacht lautlos die ganze Gegend im Umkreis von mehreren Kilometern abgesperrt, niemand konnte passieren.
Auf dem Tisch durfte kein Licht brennen. Die Natur leuchtete mit ihren Sternen, Millionen Sterne, die wie silberne Weintrauben am Mittelmeerhimmel hingen. Die Rumflaschen kreisten, Romanetti hatte binnen kurzem eine Flasche allein ausgetrunken. Selbstverständlich wurde alles bezahlt, es war ein gutes Geschäft für den Padrone. Aber bald war der Morgen da, der plötzliche Morgen des Südens, wo der weißgraue dunstige Übergang bis zur vollen Sonne nur kurze Zeit dauert.
»Nonce«, so nannten ihn seine Getreuen mahnend, »Nonce, gleich ist es Tag.«

»Na und?«
»Wir müssen aufbrechen!«
»Ich werde gehen, wann ich will. Laßt mich in Ruhe. Fürchtet ihr euch vor den Gendarmen, Kinder? Madonna! Wenn ihr Angst habt, führe ich euch bis zu ihnen hin, um dort das Miserere zu singen!«
Er ergriff einen Revolver und begann wild herum zu tanzen. Sonst der beste Kamerad, wurde er am Morgen, wenn es galt, ein Gelage abzubrechen, widerspenstig. Er war imstande, drei Tage lang, ohne Schlaf und ohne eine Spur von Müdigkeit, zu wachen und zu zechen. Aber die alten Wächter waren übernächtig, die Augen und Kehlen brannten, die Gefahr des Entdecktwerdens wurde immer größer. Entdecktwerden, das hieß eine Schlacht mit den Gendarmen, die in Ajaccio ebenfalls eine ganze Kompanie aufgeboten hatten. Da überwanden die alten Wächter, die weder vor Gott noch vor dem Teufel zitterten, ihre dumpfe Niedergeschlagenheit noch einmal und sangen im Chor mit der Wut der Verzweiflung:

»Cor die la so mamma,
Cor die la so mamma!«

Herz deiner Mutter ... Der große Bandit, der viele Menschen getötet hatte, wurde weich und schaute sie aus nassen Augen wie ein Kind an. Brutalität und Sentimentalität sind Zwillingsschweschwestern, das zeigte sich auch an ihm. Er wurde ruhiger, besann sich, verabschiedete sich händeschüttelnd und mit Umarmungen. Er ging langsam fort, gefolgt von seinen Getreuen. Ehe sie im Maquis verschwanden, feuerte er noch einige Schüsse in die Luft ab.
So erzählte mir der Padrone.

Nach Calcatoggio, wo Romanetti geboren ward und wo er getötet wurde, fahre ich auf guter Straße hinauf im landesüblichen Fuhrwerk. Über mir das Sonnendach, vor mir der Kutscher sehr schwarz und sehr gepflegt unterm breitkrämpigen Strohhut. Die zwei Pferde klingeln unnachlassend mit ihren vielen kleinen

Schellen. Zuerst noch längs des innersten Golfes von Ajaccio, am Kriegshafen vorbei, wo die grauen Torpedoboote und blitzenden Wasserflugzeuge ankern; dann bleiben die Palmen, Eukalypten und Mimosen zurück und es geht aufwärts zwischen Gärten und Weinterrassen. Ein Schloß, eine Ruine, Blick in fruchtbare Täler und auf die jenseitige Bai von Sagone in ihrer tiefblauen Blendung, im Hintergrund das schneeige Hochgebirge. Wir sind auf der Paßhöhe von San Bastiano. Unten das herrlich grünende Tal der Cinarca, die engste Heimat Romanettis, und plötzlich ist zu beiden Seiten jene Macchia, deren Duft bis weit übers Meer hinaus die Luft durchtränkt.
Calcatoggio bergt sich steil einen Hügel hinan, ein kleines Dorf, aber mit hohen Häusern, die hinter den Kastanien- und Feigenbäumen weiß hervorleuchten. Die hier wohnen, haben alle mit Romanetti gelebt, und was sie mit einfachem Stolz erzählen, sei hier gedrängt wiedergegeben. Ich entspreche ihrer verständlichen Bitte, sie, falls ich etwas veröffentliche, nicht einzeln zu charakterisieren. Und ich erfuhr:
Er war das starke Kind gesunder Eltern, lebte immer in der freien Luft, im milden Klima der Berghänge. Schon als Kind fing er im Gebirgsbach Forellen und Aale mit der bloßen Hand. Je wilder unten das Meer anbrandete, umso lieber sprang er über Stock und Stein zum Strand von Liscia hinunter und rang mit den Wellen. Gewöhnlich arbeitete er im Weingarten oder machte des nachts Jagd auf Wildschweine. Er konnte schießen, aber nicht lesen und schreiben. Er besuchte keine Schule, er erlernte das Fleischerhandwerk. Und dann kam sein Schicksalstag.
Am Morgen eines Festes hatte er viel zu tun, am Abend sollte getanzt, gesungen, geschossen und natürlich viel verzehrt werden. Er schlachtete ein Tier nach dem andern, aber ein Ochse ging ihm ab. Er holte ihn einfach vom Maquis, tötete, zerlegte und verkaufte ihn. Der Eigentümer des Tieres, der es ihm zur Verfügung gestellt hatte, nannte ihn am andern Tag vor dem Gendarmerieposten einen Dieb.
Um der Verhaftung zu entgehen, frei bleiben wollend und sich unschuldig fühlend, blieb ihm nichts anderes übrig, als ins Ma-

quis zu flüchten. Von dort sandte er seinem Gegner einen Vermittler, bot ihm den Preis des Ochsen und extra eine Prämie von 100 Francs an. Gut, sagte jener, ich werde mein armes Tier schätzen lassen, in drei Tagen treffen wir uns dort und dort wieder, um Versöhnung zu feiern.

Gesagt, nicht getan. Als Romanettis Freund mit dem Geld zum Rendezvous kam, wartete schon die Gendarmerie und verhaftete ihn. Und da tat Romanetti seinen Schwur: »Si u sole ti vede, u mi piombu ti tocca!« (»Wenn die Sonne dich nicht erreicht, erreicht dich mein Blei!«)

Und in der Tat, einige Tage später war sein Widersacher tot, man fand ihn eines strahlenden Sonnenmorgens mitten im Dorf, das Blei Romanettis im Hals. Es war des künftigen Banditen erste Untat aus verletztem Ehrgefühl. Von diesem Augenblick an gezwungen, im Maquis zu leben, hielt er es achtzehn Jahre lang aus, achtzehn Jahre von der Familie seines Feindes und den Häschern der Justiz umlauert und bedroht. Achtzehn Jahre lang stellte er ihnen sein eigenes Recht entgegen, oft selber tötend.

Nie hat er einem Unschuldigen etwas zuleid getan oder gar einem Fremden. Die Gastfreundschaft war ihm heilig wie allen Korsen. Bei ihm war man sicher wie unterm Tarnhelm. Er führte Krieg, das war sein Um und Auf, nicht gegen die menschliche Gesellschaft, sondern gegen die kleine Gruppe seiner persönlichen Feinde. Manch tollkühner Polizist hat sich ihm oder seinen Wächtern genähert, aber mit Revolver, Blendlaterne und Händehoch war gegen Romanetti nichts auszurichten. Er rief ihnen zu:

»Wenn du Frau und Kinder hast, geh deines Wegs!« Einmal, zweimal, dreimal, immer eindringlicher. Wer auf seine Ermahnungen nicht auswich, rollte bald lautlos auf der Erde, die tödliche Schrotladung im Körper. So geschah es auch einmal des Nachts in Ajaccio selbst, als sich Romanetti in eines der großen Cafés gewagt hatte.

Er wurde ein kleiner König, er wurde reich, er besaß große Ländereien, Felder, Herden, Käsewirtschaften, er war eine Art Kriegsgewinnler geworden, beleibt und würdig. Er hatte eine

kleine Armee, die ihm auf Tod und Leben ergeben war, Festungen mit Mitrailleusen und eine Unmenge Munition. Er war Wirklichkeit und Legende, der verkörperte Mythos von Korsika. Er war allmächtig, und doch ... Und doch konnte er nicht wie ein normaler Mensch ins Café gehen und seinen Absinth oder Maraschino trinken, wie es jeder einfache Proletarier vermochte. Freilich, manchen gelang es, bis zu ihm vorzudringen, nachdem sie genug gesiebt worden waren: interviewende Journalisten aus aller Welt und extravagante Frauen aus Amerika und Rußland. Sie alle scheuten nicht den buchstäblich dornenreichen Geheimpfad in die Macchia. Sie hatten sich brieflich angemeldet, nichts einfacheres als ihm zu schreiben, es genügte: An Monsieur Romanetti, per Adresse in der Macchia.
Man war mir gegenüber sehr entgegenkommend in Calcatoggio, nur in einem nicht: man verwehrte mir unter verschiedenen Ausflüchten, das Grab Romanettis zu besuchen. Wahrscheinlich lag er nicht im Friedhof, die sind in Korsika selten, meist wird man auf eigenem Grund und Boden begraben, in kleinen Mausoleen.
Nach Ajaccio zurückgekehrt, trieb ich ein Buch auf, ein verbotenes Buch, das von Romanettis Ende einigermaßen zu berichten weiß. Von wem wurde er getötet? Von den Gendarmen? Man weiß es nicht. Man wird es wahrscheinlich niemals erfahren. Er – und drei seiner Getreuen. Es wird immer ein Rätsel bleiben. Autor des Buches ist der korsische Schriftsteller Bonardi, die Einleitung schrieb Pierre Dominique. Ich zitiere in meiner Übersetzung:
»Das Haus, in dem es geschah, dieses Haus ist auf einer Seite durch eine dreifache Kette von Granitfelsen geschützt, auf der andern durch das Meer. Drei Kilometer im Umkreis sind die Wächter und Hunde. Niemand kann sich nähern, ohne signalisiert zu werden. Niemand. Und doch, in der Nacht von Samstag auf Sonntag, wurde der Hinterhalt vorbereitet. Hier, nahe der Schäferei von Lava, wo dreizehn Hunde, unter ihnen seine Lieblingshunde Bocca, Nera und Zinetta, ihr dressiertes leises Murren begannen, wenn die Gendarmen in fünf Kilometer Entfernung auf der Straße marschierten, hier in dieser natür-

lichen Festung voller getreuer Banditen und Munition, hier Romanetti auflauern und niederschießen ... es schien unmöglich. Und doch! Oder war es kein Gendarm? Es mußte jemand gewesen sein, den die Hunde am Schritt und Geruch erkannten. Wer?«

Soweit Bonardi, Romanettis Freund. Die Leichenbeschau im Hospital von Ajaccio war geheim. Dem Begräbnis ging ein endloser Trauerzug voran. Sein Sarg versank unter den Blumen des Maquis, die ihm tausende seiner Landsleute laut wehklagend nachwarfen.

Ich stöberte auch eines seiner Lieblingslieder auf, die er selber dichtete und die bei den wüsten Gelagen im Chor gebrüllt wurden:

»Tutti cuntenti
Oh la la lerù
Tutti cuntenti
Oh la la!«

»Alle sind wir zufrieden ... Oh la la!« Schon das unterschwellig resignierende »Oh la la ...« hebt das behauptete »Alle sind wir zufrieden« auf. Denn im Grund waren sie nicht zufrieden und er selber am wenigsten.

Haben die glühendsten Freiheitslieder nicht jene Völker, die niemals oder nur selten die Freiheit hatten? Romanetti mußte sich die Zufriedenheit einreden, einsingen – weil er sie nicht hatte, niemals haben konnte. Verzehrte er sich nicht nach dem Einfachen, Alltäglichen, nach der beschaulichen Ruhe des harmlosen Kleinbürgers? Die Orgien, die Schießereien waren die notwendige Überkompensation, der verzweifelte Ausgleich, welcher die Not wenden sollte, die vergebliche Ergänzung zum eigentlichen Leben, dem normalen Leben. Gleichwie der Normale sich ins Abenteuer hineinträumt, träumt sich der Abenteurer ins Normale.

Romanettis Leben war eine hoffnungslose Betäubung. Romanettis Leben war tieftragisch.

Es war Spada

Wenn die neue Wissenschaft der Kulturgeographie, die sich mit der Wechselwirkung zwischen Landschaft, Kultur und Mensch befaßt, die Hypothese aufstellt, daß gleichartige oder ähnliche Landschaften gleichartige oder ähnliche Kulturen hervorbringen und zugleich die drei großen Kulturen nennt, welche die Menschheit erlebt hat: die Stromkultur des alten Asien und Ägypten, als zweite die Mittelmeerkultur der Antike (mit ihrer arabisch-maurischen Fortsetzung bis weit ins Mittelalter) und als dritte die ozeanische Kultur der Neuzeit (diese von Europa ausstrahlend auf die andern Weltteile): so ist ein klassisches Beispiel für die zweite, die mediterrane Kulturperiode jene griechische Kolonie Cargese auf Korsika, das städtische Dorf oder die dörfische Stadt Cargese an der felsig reich gegliederten Westküste, nur 30 km Luftlinie, aber fast doppelt soviel Straßenkilometer und zwölf Gehstunden nördlich von Ajaccio, der nächsten Eisenbahnstation gelegen – so ist, sage ich, Cargese das ins 20. Jahrhundert herübergerettete Intimbild der antiken Mittelmeerkultur.
Ich habe mehrere Wochen in Cargese gelebt. Hin kommt man von Ajaccio im Autobus auf der windungsreichen Küstenstraße über Sagone. Einmal hielt der Chauffeur zwischen den kahlen Felstürmen an, zog seinen Revolver, schoß eine Wildente ab, holte und steckte sie ein und schon gings wieder weiter. Sagone, einst bedeutender Diözesanbischofssitz, ist heute eine im Meeressand versunkene Kleinstadt. Nur die Spitze des Campanile unmittelbar am Meer schaut aus dem Sand, dem unnachlassend anschwemmenden Treibsand. Die Glockenstube, einst hoch oben, darin noch die alten Glocken hängen, dient den Ziegen als Stall, und das Kirchendach deckt die Müllgrube. Unachtend der übelriechenden Fieberniederung, versucht ein bescheidenes Hotel mit den bunten Heften der »Vie Parisienne«, »Paris Plaisirs« und

»Sourire«, deren Seiten vertrockneter Eselskot verklebt, zu locken und mit anrüchigen Pensionärinnen aufzuwarten.

Ganz anders Cargese. In Cargese, einer griechischen Enklave, spricht man korsisch, französisch und einige Alte können noch griechisch, doch ist der griechisch-katholische Ritus (im Gegensatz zum römisch-katholischen Korsikas) in Cargese und allein in Cargese allgemein. Cargese wurde 1774 vom Gouverneur Marboeuf, als Korsika an Frankreich kam, eigens für hundertzehn griechische Emigrantenfamilien gegründet, deren Vorfahren (ursprünglich siebenhundertdreißg Familien) hundert Jahre früher vor den Türken geflohen und noch unter genuesischer Herrschaft provisorisch in drei korsischen Dörfern angesiedelt worden waren. Marboef konzentrierte sie in Cargese. Allmählich kam es zur Vermischung mit Einheimischen, doch ist der hellenische Typ unverkennbar: Lieblichkeit und Strenge der Jugend, stolze und zugleich schüchterne Gesichter, lässige Haltung, unter der sich bei den jungen Männern anspruchsvolle Unruhe verbirgt, während die jungen Frauen gelöster wirken und mit ihrem unbekümmert schwingenden Gang irgendwie fordernd. Zum Unterschied von den eigentlichen Korsen haben sie eine Vorliebe für Reinlichkeit und methodische Landarbeit, und das verleiht Cargese einen gewissen Wohlstand. Allen, ob alt oder jung, ist jene Schwermut eigen, welche auf die antike Furcht vor unbekanntem Unglück zurückgeht. In drei Familien bewahrte man, als ich in der Zwischenkriegszeit dort war, das Griechische noch als tägliche Umgangssprache (z. B. kalo für bon, kako für schlecht, po für assieds — toi), so in der großen Familie Corrizzi-Versini und in den kleineren Ragazzi und Stephanopoli. Ein Monsignore Stephanopoli, gebürtig aus Cargese, war Erzbischof. Sehr verbreitet ist der Name Frimigacci. Und ist es von der Hand zu weisen, daß gerade in solchen Enklaven das Urtümliche eher bewahrt wird als in der alten Heimat, wo es die Einflüsse der neuen Zeit leichter nivellieren?

Und die vielen Brunnen, die Cargese umgeben! Sie lassen von und mit dem Wasser, unser aller Urelement, leben. Sind nicht die Urreligionen Wasserreligionen? Und das Leben mit den biblischen Eseln! Und zu bestimmten Zeiten die Prozessionen der

Frauen, den Wasserkrug auf dem hoch erhobenen Kopf balanzierend, ihre aufrechte Haltung bestimmend! Die Fontaine Saint-Jean, beschattet von riesigen Eukalypten, die Fontaine Saint-Pierre unter Feigenbäumen, es sind monumentale Steinbrunnen wie im alten Griechenland. Obwohl weit außerhalb des Ortes an der erhöhten Küstenstraße gelegen, sind es noch immer die menschlichen Zentren. Im Gedränge der durstigen Eseln und Maultiere kommt man zusammen: die Töchter des seigneuralen Bürgermeisters, die armen Fischermädchen, die tiefschwarz gekleideten Greisinnen, die Jäger, am Rücken die erlegten Wildenten und Rebhühner. Die Jäger erzählen derbe Witze, welche die alten Weiber zu zahnlosem Lachen nötigen. Viele kommen angeritten, mit »Zää« (Vorwärts) und »Brr« (Halt). Man tauscht Neuigkeiten aus, man füllt zeithabend die irdenen Krüge, und zurück geht die Prozession in den Ort hinunter.

An einem dieser Brunnen traf ich, eines Tages zum Bad am blendendweißen Sandstrand von Pero mit den düsteren sarazenischen (d. h. gegen die Sarazenen errichteten) klotzigen Rundtürme strebend, wohin es zwischen stachligen Kakteenhecken vorsichtig klettern hieß: am Brunnen traf ich einen einsamen Mann. Es war glühend heißer Frühnachmittag, weit und breit menschenleer. Er war trinkend über die Quelle geneigt. Als er mich gewahrte, schreckte er leicht zusammen. Er faßte sich, lächelte trübe und traurig. Und er sagte leise:
»Bou jour monsieur ... Ich hab meinen Esel verloren ... que voulez-vous ... drei Tage such ich ihn schon im Gebirge ...«
Wie entschuldigend wies er auf seine abgerissene Kleidung: grünsamtene Joppe und Hosen, rote Leibbinde, Stutzen, derbgenagelte Bergschuhe; auf dem Kopf den üblichen breitkrempigen Filzhut. Er beschattete sein Gesicht, nur die kleinen spitzen Zähne waren beim Reden sichtbar. Mittelgroß, gedrungen, von unbestimmbarem Alter, war er bewaffnet mit Browning und gespicktem Patronengürtel. Er sprach nicht korsisch, sondern fließend französisch. Offenbar hatte er in mir den Fremden erkannt. Ich antwortete zustimmend: »Je comprends, monsieur, in Korsika ist man ohne Esel nichts — und ohne Wasser.«

»C'est ca. Ich bin erschöpft«, sagte er und wischte mit dem Handrücken über den Mund und den kleinen Schnurrbart. »Que voulez-vous, trois jours ... Wissen Sie in Cargèse vielleicht ein Zimmer frei, am besten in einer kleinen, stillen Familienpension?«
Ich empfahl ihm die Pension, wo ich momentan als einziger Gast logierte, hoffend, nach meiner Rückkehr vom Bad mit ihm vielleicht eine nicht uninteressante Unterhaltung führen zu können. Er dankte kurz, aber freundlich und verabschiedete sich mit einer gewissen Eile, auf die ich erst später einen Reim fand. Sonderbar berührt sah ich ihm nach, wie er auf der Straße zwischen den schwülen Ölhainen und Weingärten in Richtung Cargese dahintrottete, die Hand nervös am Browning.
Am Abend traf ich ihn in der Veranda meiner Pension sitzend, mit einem reichlichen Mahl beschäftig. Er nickte lächelnd, fast schüchtern zu mir herüber, hatte aber den breitkrempigen Filzhut aufbehalten und noch mehr in die Stirn gedrückt. Er schien beleibter geworden, das war wohl seinem vollen Magen zu danken. Es konnte aber auch Täuschung gewesen sein, und überhaupt erscheint mir heute alles wie unwirklich. Obwohl er im Schatten der Hängelampe saß – damals gab es in ganz Cargese noch Petroleumbeleuchtung –, war es ihm offenbar zu hell, er hielt sein Gesicht in den Schatten geneigt.
Während auch ich mein Abendbrot verzehrte, Tomaten, Käse und den üblichen Vin du Cap, versuchte ich von Tisch zu Tisch ein Gespräch in Gang zu bringen. Doch verhielt er sich, wenn nicht abweisend, so doch wortkarg. Auch mit der dicken, ölschwarzhaarigen Padrona, die ihn bediente, sprach er kaum ein Wort. Er wurde mit einer gewissen Scheu behandelt. Wir kamen über stockende, alltägliche Redewendungen vom Wetter und so weiter nicht hinaus, es sei denn, daß er einmal Korsika melancholisch »l'Ile des forêts brulantes« nannte: »Que voulez-vous, les bergers!« Da fiel mir der Marquis ein und seine Warnung vor Spada, dem letzten zum Briganten entarteten Banditen.
Auf der Straße trieben die Einheimischen ihre Tiere heim. Es dämmerte rasch. Der Esel eines Nachzüglers warf sich in den knöcheltiefen Straßenstaub und begann sich herumzuwälzen, je-

nes heisere »A - a - ach - iii« (nicht I - aa) krächzend, das so tragisch klingt und traurig macht
»Que voulez-vous . . . c'est son plaisir«, sagte mein dunkler Nachbar nachsichtig und mit einer gewissen Herzlichkeit zu mir herüber. Zum erstenmal sehe ich seine Augen, wenn auch nur ganz kurz, schräggestellte Augen. Beide blickten wir auf den bäuerlichen Herrn des Esels, wie er neben ihm stand und seinem Vergnügen geduldig und wohlgefällig zusah.
»Gauben Sie, daß Sie den Ihren noch auffinden werden?« sagte ich (und im übrigen bestätigte mir später der Padrone, ein schlanker, sehr gerader, auf seiner Geige mit theatralischer Würde Wiener Walzer spielende Mann mit grauem Riesenschnurrbart im knochigen Gesicht, der sich Professeur de musique nannte und Chef d'orchestre auf einem französischen Ozeandampfer gewesen war, aber auch selbstgemalte Ölbilder zur Schau stellte. Er bestätigte mir, daß der dunkle Gast auch ihm von seinem verlorenen und vergeblich drei Tage lang in den unwegsamen Felsenklippen der Calanques gesuchten Esel erzählt hatte).
Von dem geheimnisvollen Gast bekam ich keine Antwort, er stand auf, achselzuckend, ich unterschied einen Moment sein Profil, seine scharfe, auf die Oberlippe herabgebogene Nase und ein eher spitzes Kinn. Er machte nach wie vor einen mehr oder weniger jovialen Eindruck. Im Vorgarten besetzte er, sich ausgestreckt absondernd, eine Bank im Finstern, sah auf das nächtliche Meer hinaus und murmelte: »Ich ruhe gern unter Sternen.«
Es war ganz dunkel geworden. Seine Umrisse waren nur undeutlich zu erkennen und das matte Blinken des Brownings am Gürtel.
Der Padrone gesellte sich zu mir und schwärmte mit jenem französischen Pathos, das der Ironie nicht ermangelt und darum erträglich bleibt, von den Wäldern Korsikas. Er zählte die zehn größten Wälder Korsikas auf, wie er es wohl allen Fremden gegenüber tun mochte, mit ihrer Romantik rechnend: »Oh, les grandes forêts de Valdoniello, Fango, Calenzana, Tartagine, Tova, Boroccagio, Marmano, Aïtone, Vizzavona, Zonza . . .« War er nicht Künstler, der nicht nur musizierte, sondern auch malte und sich an den poetischen Namen berauschte? Befriedigt

ob der Wirkung, die in der Tat auch mich nicht unberührt ließ, strich er sich den eindrucksvoll aufgezwirbelten grauen Schnurrbart, stand dann auf, zog mich mit sich hinein, setzte sich selbstbewußt ans Klavier und spielte in hinreißendem Rhythmus, gewissermaßen als Apotheose »Allons enfants de la patrie ...«
Hierauf machte ich meinen gewohnten Abendspaziergang durch Cargese, die schönen Waldnamen zu memorieren versuchend. Valdoniella, Fango, Calenzana ... Weiter wußte ich nicht mehr. L'église grecque et l'église latine, einander nahe gegenüberliegend, aber durch einen tiefen Graben getrennt, darin manche Einheimische ihre Notdurft zu verrichten pflegten, zeichneten sich wie Scherenschnitte vor dem fahlen Horizont des Meeres ab. Tova, Marmano ... Stockfinster die holprig abfallenden ölriechenden, aber unkorsisch geraden Gassen – ein Charakteristikum des Kolonialstils. Hie und da spärliche Lichtpünktchen von den Lampen oder Kerzenflammen in den Wohnungen oder von grünschillernden Katzenaugen oder von den winzigen Cafés. Fünf Cafés gibt es in Cargese, weil es fünf Parteien gibt. So streng sich die Mitglieder der Parteien, politisch zerrissen, in den Cafés separieren, so mehr oder weniger verschwägert sind sie miteinander ... Fango, Aïtone ... In der Finsternis stieß ich auf Liegestühle, die quer in den engen Gassen zu stehen pflegen, besetzt mit murmelnd Versammelten, oder auf störrische Esel, welche ebenso quer den Weg versperren, unwillig, ihn freigeben zu sollen. Valdoniella, Calenzana ...
Ich suchte mein Zimmer auf, der Padrone wünschte mir gute Nacht und sagte, der neue Gast sei auch schon zu Bett gegangen. Als ich am andern Morgen nach gutem Schlaf erwachte, empfing mich der klarste Morgen. Alles noch leer und still. Nur ein paar Fischerboote fuhren wie verloren in den Golf von Sagone aus. Erfrischt trat ich in den taufeucht das Haus umgebenden Garten und stutzte: ich sah das ganze Anwesen von einem Halbdutzend Gendarmen umstellt, mit gefälltem, schußbereitem Gewehr.
»Alors! Qu'est-ce qu'il y a, messieurs?« rief ich aus.
Sie legten den Zeigefinger an den Mund. Drei drangen ins Haus, man hörte Rumoren, Türenauf- und Zuschlagen. Dann erschienen sie wieder, begleitet von dem Padrone, und der stotterte:

»Ausgeflogen ... Ohne Bezahlung ... Und ein Maultier hat er mitgehen lassen ...«
»Verflucht! Wieder entwischt!« stieß der Anführer der Gendarmen hervor. Zu der Personenbeschreibung, die wir ihnen gaben, nickten sie, und als wir übereinstimmend erklärten, auffallend seien des Verschwundenen kleine spitze Zähne und die immer wiederholte Redewendung ›Que voulez-vous‹ gewesen, sagte der Anführer resigniert:
»Es war Spada.«

FINALE

Jedes Ding hat zwei Seiten. Auch die Dummheit.
»Die gefährlichste Seite der Dummheit«, hat Hugo v. Hofmannsthal gesagt, »ist ein scharfer Verstand.«
Über diesen verfügen jene Politiker und andere Unglückliche, welche die Eisenbahnen als überlebt ansehen und kein anderes Rezept wissen als das dümmste: Einstellen! Abtragen!*). Autostraßen Vorrang! Die Autos sind ihnen Vater, Sohn und Heiliger Geist.
Und gar die Nebenbahnen: Nebensache! Aber haben nicht gerade kleine Bahnen, vor allem wenn sie Privatbesitz sind, keinerlei Defizit, im Gegenteil aktive Bilanz? Dennoch sollen auch sie in den Strudel der Abbaumode hineingezogen werden. Und kann der anstelle der weggeräumten Bahnen propagierte Autobusbetrieb nicht auch defizitär werden? Ist er es nicht schon vielfach? Ein Autobus, der heute etwa eine Million Schilling kostet, wird schon in wenigen Jahren unbrauchbar, es heißt immer neue anschaffen; ein Eisenbahnzug aber überdauert Generationen.
Benedetto Croce kommt in »Irrtum der Politiker« zu dem

---

*) Unter dem Titel »Mit Volldampf in die Pleite« schreibt die Hamburger DIE ZEIT vom 7. November 1975: »Bis zum Jahresende will der Bahnvorstand der Bundesregierung und der Öffentlichkeit mitteilen, daß das derzeit 29 000 Kilometer umfassende Bundesbahnnetz viel zu groß angelegt sei, und er wird für ein ‚betriebswirtschaftliches Netz' plädieren, das möglicherweise 15 000 oder gar nur 12 000 Streckenkilometer umfaßt ... Das wird einmal Geld kosten, ehe es sparen hilft. Wenn bis 1985 wirklich 120 000 Eisenbahnerstellen frei werden sollen, dann muß mehr investiert werden als bislang. Nach Ansicht von Experten müssen bis 1985 etwa 15 Milliarden Mark investiert werden, um all die Angestellten und Arbeitskräfte ersetzen zu können.«

Schluß, daß die Politiker und »Männer der Tat – im Gegensatz zu den Historikern, Philosophen und Dichtern – nicht einmal ihr eigenes Werk erkennen, das erst die Geschichte erforscht und an seinen Platz rückt. Würden die Großen der reinen Politik, derer sich die Geschichte erinnert, wieder lebendig und kehrten sie unter die Menschen zurück, so wären sie über das, was sie getan haben, verblüfft. Sie würden in den Werken ihrer eigenen Vergangenheit lesen wie in einer Hieroglyphenschrift, zu der ihnen jetzt erst der Schlüssel gegeben wird ...«
So weit der italienische Philosoph. Man müßte hinzufügen, daß, würden anderseits die großen Philosophen und Dichter, welche von den Politikern als Träumer und Phantasten abgetan werden, wieder lebendig und zu den Menschen zurückkehren, sie sehr wohl vieles bestätigt fänden, was sie vor Jahrhunderten, ja Jahrtausenden erkannt haben. Thales v. Milet, Aristoteles, Aristophanes sind heute ebenso gültig wie all die Späteren von Cervantes, Shakespeare, John Locke, Goethe, Kleist, Hölderlin, Sealsfield-Postl und Grillparzer bis zu Kürnberger, Jules Verne und Freud, um nur einige aufs Geratewohl zu nennen. Wer weiß von Politikern Gleiches zu sagen, von Cäsar bis zu Metternich, Hitler und Mussolini?
Gleichwie in der Natur die großen Ströme von den Flüssen leben, die sie speisen und ihnen bei der Einmündung kraft ihrer energischen Rippenstöße auf einer mehr oder weniger langen Strecke die Richtung der Nebenflüsse geben, sie verjüngend, ja wie die Flüsse selbst wieder von den kleinen Bächen leben – so ist es auch mit den großen und kleinen Eisenbahnen.
Die Natur, von der die Technik zehrt, ist das große Vorbild, wo alles in *Gemeinschaften* lebt. Die verschiedensten Gewächse, große und kleine, bedingen jedweden Haushalt, und der besteht in gegen- und wechselseitiger Abhängigkeit. Alexander v. Humboldt, Begründer der Landschaftskunde, hat die *Lebensgemeinschaften* als erster erkannt. Er geht so weit, daß er in die Pflanzen- auch die Tier- und Menschengemeinschaft miteinbezieht und daß es gewisse Pflanzen als Menschenbegleiter gibt. Sein Schüler R. H. Francé sagt, daß u. a. »Wegerich, Kamille, Distel und Brennessel solche Menschenbegleiter sind. Sie sind in den

nordamerikanischen Prärien des wilden Westens so beharrlich den Europäern gefolgt, daß die Indianer sie die ›Fußspur des weißen Mannes‹ nennen und überall, wo sie sie finden, mit Sicherheit darauf schließen, daß dort – und auch wenn vor vielen Jahren – einmal Fremdlinge aus dem Osten hausten ... Und ähnlich der Stechapfel, der sich an die Zelte der Zigeuner auf der ganzen Welt von China bis Deutschland heftet ...«

In solch weiten Zusammenhängen bilden auch die großen und kleinen Eisenbahnen Lebensgemeinschaften. Die Nebenbahnen sind Zubringer und Nährer der Hauptbahnen und umgekehrt. Ersetzt man die Nebenbahnen, wie es schon allzuviel praktiziert wird, durch Autos, werden die Verfrächter mit ihren Lkw nicht zum noch vorhandenen mehr oder weniger entfernten Bahnhof, sondern gleich an ihr Ziel fahren, auch die Hauptbahn schädigen und das Schlachtfeld Straße (schon ein geflügeltes Wort!) vergrößern. Die Mariazellerbahn ist ein klassisches Beispiel für die Menschenfreundlichkeit der Bahn. Zu großen Teilen eine serpentinenreiche Steigungsstrecke mit kühnem Hochgebirgscharakter, 20 Tunnels, Eilzugsverkehr, Holzfrachten bis zu 40 überladenen Waggons täglich, ja zur jährlichen Rübencampagne 40 Züge täglich, dabei eingeleisig, hat sie in den siebzig Jahren ihres Bestehens nur zwei Unfälle gehabt – ohne einen Verletzten, geschweige denn Toten*). Man stelle sich vor, was eine Autostraße an ihrer Stelle in diesen siebzig Jahren für eine Legion von Toten, Verletzten und für ihr Leben gezeichneten Krüppeln gefordert hätte – ein Bild des Grauens, das man sich besser nicht vorstelle ...

Auch bei vielen Intellektuellen, die es eigentlich wissen müßten, ist das dauernde Gerede von den Einstellungen schon zu einer Einstellungspsychose geworden. Auch sie behaupten von nach wie vor fahrenden Bahnen, daß sie nicht mehr existieren. Und was die Zeitungen betrifft, so besteht ihre – gelinde gesagt – Inkonsequenz darin, daß sie im dünnen redaktionellen Teil die

*) Laut Horst Felsingers großartigem Buch »Die Mariazellerbahn«, Verlag Ing. Peter Pospischil, Wien, 1972.

Autoüberflutung einzudämmen vorgeben, im dicken Inseratenteil aber genüßlich fördern.
Immer wieder hört man, daß man ja als Ersatz die Museumsbahnen habe. Aber steckt nicht schon im Wort Museum das Fleisch- und Blutlose? Gewiß, die Museumsbahnen haben, wie es sich gehört, Eisen und Dampf, und sie werden von Menschen betreut und benützt, die Fleisch und Blut haben, wenn auch das einer Nachgeburt. So gut ihr Wille, so ungut das Verhalten derer, für welche man die Museumsbahnen unterhält und die damit fahren. Was hilft aller Arbeitseifer, alles Zeit- und Geldopfern jener Idealisten und »Romantiker«, die ausrangierte Dampfloks und Waggons wieder in Betrieb setzen und periodisch auf mühsam instandgesetzten Torsostrecken fahren lassen – was hilfts, wenn die meisten Frequentanten dieser Museumsbahnen es als Jux betrachten?
Ohne Bar und Buffetwagen samt feschen Dirndln als Serviererinnen, ohne Mokka, Schlagobers, Wein, Musik und Tanz während der Fahrt ist es »ka Hetz«. Fehlt das, ist ihnen die ganze Museumsbahn wertlos. Man freut sich, man lacht, aber das Lachen ist bei vielen eher ein mehr oder weniger kaschiertes Auslachen. Strecke, Gleisanlagen, Fahrplangestaltung, das Um und Auf des Eisenbahnbetriebs, all das interessiert die Fahrgäste kaum. Fotos, recht viele Fotos, aber nur – Hauptsache! – mit recht viel Dampf und Rauch, einst der Schrecken jener, die sie nachahmen, ohne das geht es nicht. Und dazu Gebirgshintergrund, Kommerzienratlandschaft mit im blauen See sich spiegelndem Kirchturm, womöglich samt einem Rehlein, das so lieb und treuherzig »aus dem grünen Tann« auf den Zug guckt.
Und wirklich präsentieren sich die Prospekte der Museumsbahnen mit solch rührseligen Bildchen und entsprechenden Werbetexten, wortwörtlich: »Bimmelbahnromantik in gemütlicher Fahrt! Für das leibliche Wohl ist bestens gesorgt! Wie zu Opas Zeiten ist alles so lieb und romantisch in den buntesten Waggonfarben lackiert, so klein und putzig!«
Nicht wenige sogenannte Eisenbahnfreunde begleiten in ihren Autos lange nebenherfahrend die Museums- und Nebenbahnen, um sie dauernd unter johlenden Zurufen zu fotografieren — statt

mit ihnen selbst zu fahren und durch eigenes Beispiel am Beleben mitzuhelfen. Auch sie behaupten, daß Autobusse schneller sind. Vergleicht man die Fahrpläne miteinander, wird man sehen, daß es gar nicht stimmt. Meist sind die Autobusse langsamer. Aber sie fahren bis vor die Haustür. Und man will im Haus selbst gefahren werden. Oft genug habe ich junge Leute im ersten Stock auf den Lift warten sehen, stolz auf die Errungenschaft, aber verärgert darüber, daß sie auf ihn warten mußten. Als er kam, fuhren sie nicht vielleicht hinauf, sondern hinunter ... Auch gibt es vielerorten die Rolltreppen; fehlen nur noch die Rollteppiche in den Wohnungen, damit man vom Speisezimmer nicht ins Schlafzimmer zu Fuß gehen muß.

Dummheit und Stolz wachsen auf einem Holz, sagt ein altes Sprichwort. Es wäre zu variieren: Kitschig und dumm bilden ein einziges Trumm.

Sinn und Unsinn der Modelleisenbahner

»Im echten Mann ist ein Kind versteckt, und das will spielen.« NIETZSCHE

Das Wort Nietzsches ist am bekanntesten geworden. Schon lange vor ihm haben die größten Geister nicht nur Ähnliches, sondern auch Tiefstes im Spielcharakter des Menschen entdeckt: Plato, Aristoteles, Quintilian, Livius und herauf in die Neuzeit über Shakespeare bis zu Schiller. Schiller hat gesagt: »Der Mensch ist nur da ganz Mensch, wo er spielt.« Er erkannte, daß es vom Spielerischen zum Künstlerischen nicht weit ist, beides ist instinktive, mehr oder weniger formale Nachschöpfung. Besonders offenbar für uns Heutige wird die uralte Beziehung – ganz früh schon im Tanz – zwischen Spiel und Kunst: beide sind an bestimmte Gesetze und Regeln gebunden, die auf ihre Art auch spielende Tiere einhalten. Die modernste Malerei, Plastik und Literatur lebt geradezu von Formspielen, die freilich nicht selten zu Formspielereien ausarten. So werden auch die Äußerungen einfacher Menschen vor unseren Ausstellungen erklärlich: »Sowas kann mein Bub auch.«
Sehr eingehend und zusammenfassend hat sich mit dem Thema Johann Huizinga (1872–1945) befaßt, der durch seine Hauptwerke sein ganzes Leben, wie er selber bekennt, in den Dienst diese Idee stellte und 1938 mit seinem Alterswerk »Homo ludens« (»Der spielende Mensch«), krönte. Es trägt den Untertitel »Vom Ursprung der Kultur im Spiel«. In der Vorrede sagt er: »Seit langem hat sich in mir die Überzeugung in wachsendem Maße gefestigt, daß menschliche Kultur im Spiel – als Spiel – aufkommt und sich entfaltet.« Das verfolgt er bis in die Formen der religiösen Riten, ja darin, »im Spielhaften des Kults«, sieht er den Ursprung. Daß Huizinga als Sprachkünstler und

Etymologe auch ein großer Stilist und so dem Künstler nahe verwandt war, bekräftigt erst recht seine Größe, und wir finden diese Beziehung zwischen Gelehrtheit und Künstlerischem bei allen größten Wissenschaftlern: es seien auf den verschiedensten Gebieten nur Ranke, Burckhardt und Freud genannt.

Wenn ich solch Weitausholendes diesem Aufsatz über die Modelleisenbahnen vorausstelle, so wird mancher wohl sagen: »Tant de bruit pour une omelette!« Man meint, daß jene größten Geister das Spielen und Spielerische in großen menschlichen Horizonten verstanden, als Lebensauffassung und Lebenshaltung. Etwa, um nur ein Beispiel auf dem Gebiete des Eros zu nennen, die Lebensform Casanovas. Sie war ein ganz großes Spiel in jenem umfassenden Sinn. Es steht jedoch außer Zweifel, daß sowohl das instinktive kindliche – nicht kindische – Spiel als auch der Spieltrieb der reifen Menschen in jene Philosophie einbezogen werden kann, ebenso, um endlich in medias res zu kommen, das Eisenbahnspiel.

Da gibt es in allen Weltteilen hunderttausende Menschen, gelehrte und ungelehrte, die mit Modelleisenbahnen spielen, selbstgebastelten oder fertiggekauften, von denen ganze Industrien leben, und sie sind glücklich, weil sie, um es ganz einfach zu sagen, dem Alltag entrückt sind. Noch einmal Schiller, er drückt es im 14. Brief seiner »Ästhetischen Erziehung des Menschen« so aus: ». . . der Spieltrieb also würde dahin gerichtet sein, die Zeit in der Zeit aufzuheben.« Und der Psychoanalytiker Freud wuchert mit seinem Pfund, indem er schon im Spiel des kleinen Kindes die Auswirkung erotischer Triebe sieht. Vielleicht hängt die stets wachsende Zahl der Modelleisenbahner, die Fachzeitschriften herausgeben und internationale Kongresse abhalten, auch mit einer Sentimentalität gegenüber der Eisenbahn zusammen, die in hartem Konkurrenzkampf mit den Autos steht.

Während die Fahrzeuge der Modellbahner zu Anfang unseres Jahrhunderts noch eine sehr große Nachahmung (aufziehendes Uhrwerk) der wirklichen Eisenbahnen waren, haben sie in jüngster Zeit allerfeinste, raffinierte Vervollkommnung erreicht. Alles funktioniert elektrisch, kraft des Transformators (Trafo), man braucht nur auf einem Schaltbrett mit auffunkelnden

Glühlämpchen eine oder mehrere Reihen von Tastern zu drücken »und schon rennts«. Personenzüge, Expreßzüge, Lastzüge, Weichen, Ausweichen, beleuchtete Stationen, Güterschuppen und Heizhäuser, Signale, Schranken, »alles wie wirklich«.

Doch ist es, um konsequent zu bleiben, wirklich wie wirklich? So bewundernswert die minutiöse Ausführung des sogenannten rollenden Materials ist, das selbst die wenige Millimeter kleinen Puffer federnd haben muß und es im Personenwaggon ohne ähnlich getreuem W. C. samt Wasserspülung – nur mit der Lupe zu besichtigen – nicht tut, so fragwürdig wird die Sache, sobald es seinen eigentlichen Zweck erfüllen soll: zu rollen, zu fahren, zu verkehren. Da hört die Konsequenz bei den allermeisten Modelleisenbahnern auf. Es macht nichts aus, daß sie ihre »Dampf«-Loks elektrisch fahren lassen. Darin besteht die Unkonsequenz nicht. Derart kleine Dampfoks wären viel zu teuer, ihre Wartung viel zu kompliziert. Die Unkonsequenz besteht im Verkehr selbst, in der Anlage der Strecke und vor allem der Stationsgleise, im Fahr- und Rangierbetrieb, in der Schnelligkeit und in der Gruppierung der Aufnahmsgebäude und Güterschuppen. Hier beginnt die Unkonsequenz, hier wird aus dem guten Kindlichen (»im echten Mann ist ein Kind versteckt . . .«) das ungute Kindische.

Kurz und schlecht: die weitaus größte Zahl der Modelleisenbahner läßt ihre kleinen Meisterwerke im Kreis fahren, jawohl, im Kreis. Möge die Kreiserei weit auseinander gezogen sein und über Gebirge und Brücken, durch Täler und Tunnels, alles in sorgsamster Kleinarbeit aus Pappe, Sperrholz, Kleister und Lackfarbe verfertigt, mögen die Überschneidungen, Über- und Unterführungen noch so verschlungen sein: unweigerlich kommt der Zug in kurzer Zeit wieder an seinen Ausgangspunkt zurück. Und die Kreiserei beginnt von neuem. Und fast alle haben sie Stationsanlagen, die kaum je der Wirklichkeit entsprechen. Dafür haben sie keinen Blick. Gerade für dieses Entscheidende mangelt ihnen jede Vorstellung. Wie oft kommt es vor, daß sie die Kreisanlage samt Stationen mit unmöglichen Weichen fertig haben und ihnen ein paar Weichen übrig bleiben. Was machen wir damit? Na, stückeln wir sie halt – auch auf freier Strecke –

irgendwo an... Hauptsache, daß ihre Modellbahn kraft der Elektroschaltungen, bequem von einem Mittelpunkt gehandhabt, »rennt«, d. h. rast. Und je mehr Züge gleichzeitig rasen, womöglich ein Dutzend, wie mir ein solcher Mann, von denen zwölf auf ein Dutzend gehen, stolz versicherte, umsomehr imponiert es ihnen. Der Sinn der Bahn wird zum Unsinn.

Das ist kein Ver-kehr. Das Wort Verkehr sagt ja treffend aus, was die wirkliche Eisenbahn wirklich tut: sie ver-kehrt. Das heißt, sie führt von einer Anfangsstation über Zwischenstationen zu einer entfernten Endstation und dort setzt sie um, wie der terminus technicus lautet. Mit andern Worten, sie führt die Lokomotive auf einem Parallelgleis, nach Wasser- und Kohleneinnahme, vom ersten zum letzten Waggon, der nun auf der Rückfahrt zum ersten wird. Das ist es eben: sie verkehrt. Was machen aber die Modelleisenbahner daraus? Ein Ringelspiel. Und dieses Ringelspiel vollführen sie gern mit langen Luxuszügen. Die Waggons tun es unter Richtungstafeln »Wien-Paris« nicht. Um den Unsinn voll zu machen, kombinieren sie Speise- und Schlafwagen mit offenen Last- und geschlossenen Güterwagen, und mit überflüssigen Spezialwagen, auf die sie sich viel einbilden.

Ja, wenn sie sich mit Straßen- oder Stadtbahnen bescheideten! Ring-Rund oder Wiental-Donaukanal-Gürtellinie: einverstanden! Sogar bei Nichtrundstrecken könnten sie an den Endstationen ihrem Ringelspiel frönen, da heute fast alle Straßenbahnlinien mit Endschleifen versehen sind. Wie sehr diese Kreistendenz einer durchgehend zweigeleisigen (Eisenbahn-)Strecke als den Hirnen eingewurzelt zur Kreismanie geworden ist, habe ich nicht selten an Besuchern meiner eigenen Eisenbahn erlebt. Da sie nicht im Kreis geht, stößt sie auf Miß- und Unverständnis.

Sie ahmt eine wirklich bestehende eingeleisige Lokalbahnstrecke nach, welche im Original 21 km lang ist, und zwar im Verhältnis 1 : 200. Sie ist also, im Garten auf etwa 190 m² Grundfläche als – sommers und winters – fixe Dauerbahn erstellt, 105 m lang und hat zwei möglichst weit voneinander entfernte Endstationen. Es gibt drei Zwischenhaltestellen und zwei Zwischenstationen mit je zwei Gleisen, wie sie eben die Originalbahn hat.

Fahrzeit 20 Minuten (Originalfahrzeit 40 Minuten), bei Gemischten Zügen oder Gmp (Güterzüge mit Personenbeförderung) 35 Minuten ((Originalfahrzeit 70 Minuten). Sie ist nicht von den üblichen Firmen, wie Kleinbahn, Trix oder Märklin, deren Fahrzeuge wegen ihrer Kleinheit im Freien allzu klein erscheinen würden, sondern von einer (nicht mehr bestehenden) Firma, die dem Volumen nach ungefähr doppelt so große Fahrzeuge herstellte. Sie unterscheidet sich außerdem von den üblichen Modellbahnen darin, daß sie nicht mit Trafo betrieben wird, sondern mit im Führerstand der Lokomotive eingebauten Batterien, was auch wieder der Wirklichkeit viel näher kommt – eine Art, die von den Modellbahnern merkwürdigerweise negligiert wird. Und noch etwas Entscheidendes: allein bei einer solchen Lokalbahn, die im Original drei, höchstens vier Zugspaare im Tag betreibt, ist ein der Wirklichkeit entsprechender Verkehr möglich. Auch der Fahrplan, auf eine Endstation ausgerichtet, entspricht dem wirklichen Fahrplan (z. B. erster Zug ab 5 Uhr 21). Es ist die südmährische Lokalbahn Mährisch-Budwitz – Jamnitz, normalspurig, die ich nachgebaut habe. Sie hat einen unvermeidbaren Schönheitsfehler: sie konnte ihrer Länge wegen nicht im allgemeinen gerade, sondern mußte streckenweise in Serpentinen angelegt werden. Lange war ich unentschieden, ob ich sie oder die Bahnen nach Gutenstein oder Puchberg am Schneeberg oder Riva am Gardasee, eventuell auch die Poysdorfer Strecke nachbilden sollte. Als ich draufkam, daß die Jamnitzer Bahn auf den Tag genau so alt ist wie ich, ja daß der Eröffnungszug um 3/46 Uhr früh sogar mit meiner Geburtsstunde zusammenfiel, war Jamnitz entschieden. Die Lastzüge werden mit jenen Gütern beladen, wie sie auch die Originalbahn transportiert: Rieselschotter, Sand, sehr viel Holz, Kohle, Reis etc. Frachtbriefe in Form von abgelegten, von mir jeweils auf der Rückseite beschrifteten Eisenbahnbillets füllen, wie es sich gehört, den Dienstwagen. Selbstverständlich geht auch ein regelrechter Zugspaß mit, auf dem die ganze Fahrt samt allem Verschub, Ankunfts- und Abfahrtszeiten eingetragen wird. Aus dieser Arbeit ergibt sich, daß eine Fahrt mit allem Drum und Dran eine schwache Stunde Mitarbeit und Mitgehen in Anspruch nimmt.

ADELBERT
MUHR
Irrsee

Dem ist ein monatelanger Streckenbau vorangegangen, oft als Schwerarbeit mit verständnisvollen Helfern: Erddämme von einem Meter Höhe und bis zu zwölf Meter Länge, Steigungen bis zu 6 Prozent im terrassigen Terrain bis zu zwei Meter Höhenunterschied, Einschnitte, Ableitungen der Regenwässer, Kanäle, Betonierungen gegen Erdabstürze usw. Alles ist ja in der Natur gebaut, möglichst tritt- und wetterfest, allerdings in dauerndem Kampf gegen Nässe, überwucherndem Graswuchs und Baumabfall. Dem Einwand, ich hätte leicht reden, da mir ein eigener Garten zur Verfügung stünde, ist sofort zu begegnen: auch im Zimmer ist die Kreistendenz ohne weiters zu vermeiden, indem man auf der zur Verfügung stehenden Grundfläche eine Serpentinenstrecke anlegt, die zwei Endstationen und Zwischenhalte ermöglicht.

Was war nun die Reaktion eines erfahrenen Modelleisenbahners, eines tätigen, als Bastler sehr praktischen Menschen? Eine seiner ersten Fragen war: »Ja, wie fahren Sie denn zurück?« Da ihm die Abrundung fehlte, die er von seiner fixen Kreisvorstellung nicht trennen konnte, war er nicht imstande, das Einfachste zu fassen: daß ich auf demselben Geleise auch zurückfahre. Als ich ihn daran erinnerte, daß wir einmal mit der Stammersdorfer Lokalbahn einen Ausflug in die Brünnerstraßler Weingegend gemacht hatten, schloß ich die Gegenfrage an: »Und wie sind wir zurückgefahren?« Er antwortete: »Wieder mit der Eisenbahn nach Stammersdorf.« Und ich vervollständigte: »Und auf demselben Geleise, nicht wahr?« – »Natürlich«, stimmte er bei, und ich hakte ein: »Sehen Sie, und so fahre ich auch mit meinem Zug auf demselben Streckengeleise zurück, wie es auf der ganzen Welt alle eingeleisigen Bahnen tun.«

Er ließ eine Pause der Verblüffung folgen und äußerte dann wiederholt: »Nein, da komme ich nicht mit, wirklich nicht!« Er hätte es nicht zu sagen brauchen, man sah es ihm an.

Auch er brach wie viele meiner Besucher in gutmütiges Gelächter aus, als er sah, daß ich bei den langsamen Verschubfahrten meines Zuges in den einzelnen Stationen manchmal mit der Hand nachhalf und ebenso hie und da auf der Strecke und daß ich auch die Kupplungen mit der Hand, wie es ja in Wirklichkeit geschieht, vornahm. Die Modelleisenbahner haben nämlich ausnahmslos automatische Kupplungen, die es, wenn überhaupt, erst in Zukunft geben soll; sie, die so bewundernswert wirklichkeitsgenau ihr »rollendes Material« zu bauen verstehen, aber im Verkehr – quod erat demonstrandum – aus dem Sinn in den Unsinn fallen.

Unsere Modelleisenbahner sind weniger Eisenbahnliebhaber als vielmehr Schaltungsnarren. Das Elektroschaltbrett ist ihr Hobby. Darauf sind sie – gewiß mit Recht – stolz (sie sind auch stolz auf das Wort Hobby – ich mag es nicht). Der originalgetreue Verkehr selbst, das Um und Auf der Eisenbahn, ist ihnen Nebensache. Hauptsache, daß sie mit Schlaf- und Speisewagen samt Täfelchen »Amsterdam-Rom« in Minutenschnelle von Amsterdam nach Rom rasen, kurz »daß es rennt«. Ihre Züge flitzen, ins Verhältnismäßige übersetzt, mit der Überschallgeschwindigkeit eines Düsenflugzeuges dahin. Und sie exzedieren mit einem übrigen Plus ultra: mit jenen übertriebenen Landschaften, wo es von Haus und Vieh, Mensch und Swimming-pool, Seen samt Motorbooten und Bikinimädchen, klappernden Mühlrädern, Drahtseilbahnen, Sessellifts, Almen, Sennerinnen, Skiabfahrten und Wasserfällen nur so wimmelt. Alles dreht, alles bewegt sich. Die Eisenbahn selbst? Sie verschwindet unter diesem Überfluß. Fehlen nur noch die Gartenzwerge und Fliegenpilze, um den Kitsch voll zu machen. Das ist nicht gutes Spiel. Das ist schlechte Spielerei.

Hamsun hat in seinem kleinen Roman »Die Schwärmer« gesagt, man bringe es im Leben weiter, wenn man in allem ein wenig zu wenig als ein wenig zu viel tue. Hamsun wäre hinzuzufügen, daß dies insbesonders auch für die Kunst gilt. Das Zuviel ist ein Kriterium des Kitsches. In der Musik ist es die Überinstrumentation, die Hermann Hesse an Brahms mißfällt, in der Literatur die Häufung der Adjektive. Der Idealstil der Bibel hat kaum Adjektive und merkwürdigerweise auch keine Farben, er besteht aus lapidaren Hauptsätzen. Flaubert suchte wochenlang nach dem einen, höchstens zweiten treffenden Adjektiv usw. Und Eduard v. Keyserling hat gesagt: Stil ist Weglassen.

 Damit sind wir wieder bei unserm Ausgangspunkt, der Ver-

wandtschaft zwischen Spiel und Kunst. Zur Liebe zur Eisenbahn gehört Hingabe an die Form. Ist sie nicht vollendet in den Geleisen und Weichen, denen die Züge aufs Genaueste folgen müssen, in der Ausgewogenheit des Verkehrs eine Komposition, anschmiegsam dieser stählernen Form, die den Gesetzen der Kunst entspricht? Stellen sich im Eisenbahnverkehr nicht Technik und Kunst als Zwillingsschwestern dar?
Die meisten unserer Modelleisenbahner glauben auf die gegenteilige Art selig werden zu müssen.

»Was machen Sie denn da?« sagte plötzlich jemand neben mir.
»Gleich«, sagte ich und ging auf die andere Seite der Brücke. Ich warf auch dort ein paar Blicke auf die verschlungenen Geleiseanlagen hinunter, machte in ein paar Sekunden eine Skizze in mein Notizbuch und steckte es ein.
»Was machen Sie denn da?« hörte ich wieder die männliche Stimme. Ich drehte mich um und schaute den Mann an, der mir gefolgt war. Er war klein und sah halb harmlos, halb lauernd drein. Wir waren die einzigen auf der Brücke.
»Interessiert Sie das?« fragte ich dagegen.
Wortlos wendet er den Umschlag seines Sakkos. Das Zeichen der Kriminalpolizei kam zum Vorschein. Er sah mich von unten herauf an.
»Hm«, sagte ich und lächelte ungewiß.
Der Mann senkte den Blick. Eine Weile herrschte Schweigen zwischen uns. Dann sagte ich heiter:
»Geleise tu ich abzeichnen, wie Sie sehen.«
Der Mann schaute mich vorwurfsvoll und verständnislos an: »Ge-lei-se zeichnen? Ja, wozu denn?«
»Tja, wenn ich das so einfach erklären könnte ... Das geht ein bißchen tief, das dauert zu lang. Haben Sie Zeit? Dann können Sie mich ein wenig begleiten.«
»Ich glaube eher, daß Sie mich begleiten werden müssen«, sagte er sanft.
»Wie meinen Sie das?«
»Können Sie sich legitimieren?«
»Bitte.« Ich zeigte ihm meine Eisenbahnlegitimation.
Ohne sie näher anzusehen, ergriff er sie und steckte sie in seine Brusttasche. Ich begann zu begreifen, daß die Sache nicht so leicht war, wie ich sie nahm.

Er sagte: »Sie werden mit mir auf die Polizei kommen müssen.« Ich zog meine Uhr und sagte: »Aber viel Zeit hab ich nicht. In 40 Minuten geht mein Zug nach Seebach. Das Mittagessen in der Pension wartet auf mich, das will ich nicht versäumen.«
»Das wird hoffentlich bald erledigt sein«, sagte er wegwerfend. Wir gingen nebeneinander die eiserne Brückentreppe hinunter, dann stadtwärts über die im Bogen dahinrauschende Drau nach Villach hinein. Ringsum standen die Berge. Wer uns sah, mußte wohl denken, wir seien gute Bekannte. Ich erzählte dem Mann in einemfort, und er nickte in einemfort. Ich erzählte ihm, daß es seit Kindheit meine Leidenschaft sei, Geleiseanlagen abzuzeichnen, daß ich mich heute noch mit einer Modelleisenbahn spiele – »aber wie wirklich!« erklärte ich. Er nickte abermals. Angeregt kam ich immer mehr ins Reden, und so bemerkte ich kaum, daß wir schon einige Höfe der Polizeidirektion durchschritten hatten, jetzt gingen wir durch Amtsräume, darin Beamte über Schreibmaschinen hockten, und plötzlich nötigte mich der Mann auf einen Sessel. Ich saß an einem Schreibtisch, wo ein adretter Herr in jüngeren Jahren den leisen Bericht meines »Begleiters« mit hochgezogenen Augenbrauen zur Kenntnis nahm. Ich verstand kein Wort davon und harrte interessiert des Kommenden.
Der Mann, der mich hergebracht hatte, verschwand mit einer leichten Verbeugung. Der adrette Herr begann umständlich mein Nationale aufzunehmen. Gelangweilt gab ich die Daten. Dann setzte er sich in Positur und sagte von oben herab:
»Sie wurden dabei ertappt, wie Sie die Geleiseanlagen des Rangierbahnhofes des Hauptbahnhofes von Villach abzeichneten!«
»Ertappt ist gut«, antwortete ich. »Ich habs in aller Öffentlichkeit gemacht. Ich habe nichts zu verbergen. Ich bin in halb Europa herumgereist und hab überall im Ausland mein Steckenpferd geritten. Kein Mensch hat was dran gefunden! Beamte und Soldaten haben mir lächelnd zugeschaut, mir, dem Fremden! Vielleicht haben sie sich gedacht, der hat einen Vogel ... Wegen meiner. Aber unbehelligt haben sie mich gelassen. Und in der Heimat, in Österreich –.« Ich brach mit einer Handbewegung ab.

»Wissen Sie nicht, in was für einer Zeit wir leben?«
»Genau weiß ich das«, sagte ich ruhig. »4. September 1933, 11 Uhr 35 mitteleuropäische Zeit.«
»Sie werden sich nicht über uns lustig machen!« sagte der adrette Herr und strich sich gereizt sein Schnurrbärtchen. »Sie können so viel reden wie Sie wollen, wir werden Sie nicht früher freilassen, bis daß Sie uns Ihren Auftraggeber genannt haben!«
Ich bekam einen Lachkrampf. Ich lachte so schallend, daß es mich auf meinem Sessel hochwarf. Der adrette Herr sah ganz erschrocken drein. Ich schluckte: »Mei-nen Auf-trag-geber ... Auftrag-ge-. Ich selber bins. Ich bin mein eigener Auftraggeber, ich selber und sonst niemand!«
»Das Lachen wird Ihnen bald vergehen«, zischte der adrette Herr zwischen seinen Zähnen hervor, die so blendend aussahen, als wären sie falsch.
»In einer Viertelstunde geht mein Zug«, sagte ich. »Ich bin am nahen Magdalenensee zur Sommerfrische und hab hierher einen kleinen Ausflug gemacht. Ich will zum Mittagessen in meiner Pension zurück sein!«
»So. Am Magdalenensee sind Sie zur Sommerfrische«, sagte der adrette Herr betont und lehnte sich zurück. Er benahm sich so, als wäre es höchst verdächtig, am Magdalenensee zur Sommerfrische zu sein.
Plötzlich sagte ein Herr, der in einer Ecke hinter mir an der Schreibmaschine saß und meine Aussagen mitgeschrieben hatte: »Ihre dummen Aussagen, daß Sie keinen Auftraggeber haben, soll Ihnen jemand glauben!«
»Haalt«, sagte ich. »Halt! Sie bringen kein Wort mehr aus mir heraus, bevor Sie nicht das von der Dummheit zurückgenommen haben! Wenn man mich schon unnötigerweise schikaniert und der Freiheit beraubt, braucht man mich nicht auch noch zu beleidigen.«
Jetzt begann zwischen den beiden Herren ein Hin und Her, das damit endigte, daß der Schreibmaschinenmann seinen Ausfall zurücknahm.
»So«, sagte ich. »Jetzt rede ich wieder weiter. Was wollen Sie noch wissen?«

Da öffnete sich die Tür und herein stürzten drei Männer, umringten mich und wollten mich von oben bis unten abzutasten beginnen.
Ich sprang auf und schrie: »Wenn Sie mich nicht sofort freilassen, hol ich –«, fast hätte ich gesagt: die Polizei, setzte aber anders fort: »– hol Sie der Teufel! In fünf Minuten geht mein Zug?«
»Der wird wohl ohne Sie abgehen«, sagte der adrette Herr lächelnd. Wieder wollten mich die drei Hereingestürzten abzutasten beginnen.
»Halt, meine Herren, mache ich schon selber«, sagte ich zitternd vor Wut und entleerte der Reihe nach meine Taschen: Notizbuch, Füllfeder, Bleistift, Taschenmesser, Feuerzeug, Sacktuch, Manikürzeug und einige Versatzzettel. Auf diese weisend, sagte ich: »Ein Spion oder Attentäter oder für was Sie mich halten, hat Versatzzettel, was?!«
»Ein Saboteur sind Sie!« sagte einer der Hereingestürzten und ergriff triumphierend mein Manikürzeug. »Jetzt haben wir Sie! Wollen Sie uns nicht erklären, was das soll?«
Sprachlos blieb mir der Mund offen. Das winzige Manikürzeug, nicht viel größer als eine Streichholzschachtel, das Geschenk einer Freundin, enthaltend Nagelfeile, Schere, Kamm und winzigen Spiegel – es wurde von den Beamten umringt, genauest in Augenschein genommen und mit zwei Fingern so vorsichtig hin und her gedreht, als wäre es eine Bombe, die im nächsten Augenblick explodieren könnte. Ich begann mir auf einmal wirklich wie ein Verbrecher vorzukommen, dem nun die rächende Nemesis das schändliche Handwerk zu legen im Begriffe stand. Wieder war es, als wollte in mir ein unbändiges Lachen hochsteigen, wie ich da meine Inquisitoren um das harmlose Manikürzeug versammelt sah. Schließlich legten sie es wie ein Corpus delicti abseits den übrigen mir abgenommenen Sachen in ein separates Fach. Gogol! hätte ich fast ausgerufen, kein Gogol könnte so etwas erfinden, unterdrückte es aber – sie hätten es gewiß für den Namen meines Auftraggebers genommen.
Wieder öffnete sich die Tür und herein schob sich ein unförmiger Koloß von einem Kerkermeister. Ja, das mußte er wohl

sein, denn er trug, genau wie im Kriminalfilm, einen riesigen Schlüsselbund, an dem es von schweren Schlüsseln nur so wimmelte. Er hob ihn hoch wie eine Laterne, mit der man jemand ins Gesicht leuchtet und klirrte damit.
»Ich protestiere! Ich verlange, sofort zum Polizeichef geführt zu werden!«
»Ist beim Mittagessen«, sagte der Kerkermeister trocken.
Da fiel mir wieder mein Mittagessen in der Pension ein. Es war für heute schon verloren.
»Das Seidentüchl aus der Brusttasche müssen S' auch herausgeben«, sagte jemand. »Und Ihre Hosenträger.«
»Ich bin kein Hosenträgergentleman, Herr!«
»Dann Ihren Gürtel!«
»Keine Angst, ich häng mich nicht auf«, sagte ich, beides abliefernd. Ich war gezwungen, meine Hose mit den Händen vor dem Abrutschen zu sichern.
Ich mußte das Protokoll unterschreiben. Dann öffnete der Kerkermeister mit einer einladenden Geste die Tür. Dahinter waren schwarze Gitterstäbe zu sehen.
»Ich muß den Polizeichef sprechen!« rief ich aus.
»Später! Bis er zurückkommt. Vorerst müssen wir bei Ihnen in der Pension eine Hausdurchsuchung vornehmen.«
Der Kerkermeister geleitete mich hinaus. Es ging endlos über Gänge, treppauf und treppab, immer wieder Gittertüren passierend, und jede schloß der Kerkermeister sorgfältig hinter uns ab. Endlich kamen wir auf einen langen Korridor, links und rechts eine weißlackierte Tür an der andern, und jede hatte ein kleines Guckloch. Er öffnete eine Tür und sagte:
»Ah, da kann ich Sie nicht dazugeben ...«
Ich blickte hinein und sah eine junge bildhübsche Zigeunerin auf einer Pritsche sitzen. Sie sah mich lockend an.
»Warum nicht?« sagte ich. »Da bleib ich sofort!«
Er schloß die Tür, öffnete eine andere und sagte: »So!«
Kaum hatte ich mich dessen versehen, war ich auch schon hineingeschoben und allein, während sich in dem eingeschnappten Schloß der Schlüssel von außen herumdrehte. Ich hieb gegen die Tür, stampfte mit Fäusten und Füßen dagegen. Ich schlug und

schrie vergeblich. Ich habe noch nie in meinem Leben so geflucht und gedroht.

Hie und da hörte ich draußen ein Schlürfen. Im Guckloch erschien das Auge des Kerkermeisters. Ich hörte seine beruhigende Stimme:

»Aber gehn S', so machens alle. Passen S' auf, in spätestens einer Stunde sans ganz ruhig, ganz ruhig ... Na freilich, so machens alle!«

Und in der Tat, gegen Abend hatte ich mich beruhigt. Ich fand sogar Gefallen an dem bigotten Traktätchen, das auf dem Tischchen in einer Ecke der Zelle zur Lektüre bereit lag. Übrigens war die Zelle geräumig samt Klappbett und moderner Toilette, nur das vergitterte Fensterchen nach außen war allzu hoch oben. Kein Gefallen fand ich an dem wässerigen Fraß, der im Blechnapf durch eine Art Mauseloch unten in der Türfüllung hereingeschoben wurde. Ich verschmähte ihn. Und dann war es endlich so weit, daß ich dem Polizeichef vorgeführt wurde.

Ich kam in ein Riesenzimmer, in dessen Mitte ein kleines Männchen in Jägertracht, sichtlich soeben von der Jagd zurückgekehrt, an seinem schriftenüberladenen Schreibtisch wie verloren saß und mich höflich zum Platznehmen einlud. Wir blieben unter uns. Müde und gequält versicherte er mir, daß es sich wahrscheinlich um einen Irrtum handle. Ich hätte ja ohneweiters zugegeben, daß ich viele hundert Geleisepläne zu Hause in Wien habe, hauptsächlich kleine Lokalbahnstationen, das sei mein Hobby, nicht wahr, und daß ich den Situationsplan von der großen Station Villach eigentlich aus Langeweile abgezeichnet habe. – Stimmt! versicherte ich ihm, übrigens sammle ich auch Hafenpläne. Er fuhr fort, daß man auf eine Hausdurchsuchung in Wien verzichte, ich wäre ja Mitarbeiter einer Zeitung, die den Nazismus leidenschaftlich bekämpfe. Der Nazismus sei nämlich der springende Punkt des Ganzen ... Ja er, der Chef, würde mich sogar freilassen, wenn ich ihm zwei Gewährsmänner namhaft machen könnte, die ihm glaubwürdig zu versichern imstande wären, daß ich immer schon solche Situationspläne gezeichnet habe, schon als Kind, nicht wahr?

»Die Gewährsmänner habe ich gewiß«, entgegnete ich ihm ebenso ruhig und höflich, »aber wo sie hernehmen in Villach, in der Urlaubszeit, sie, die ihrerseits irgendwo auf Urlaub sind, einer in der Schweiz, einer in Italien ... Halt, da fällt mir Dr. Bien ein, Beamter der Zürcher Cosmos, er ist, glaube ich, auf der benachbarten Kanzelhöhe Feriengast.«

»Gut«, sagte er, »kann ich — auf Ihre Kosten — sofort telefonisch erledigen.« Und er rief das Hotel auf der Kanzelhöhe an, erhielt aber die Auskunft, daß Dr. Bien dort unbekannt sei.

»So muß ich Sie leider hier lassen«, sagte er mit schmerzlichen Falten im Gesicht. »Der Dienstweg geht bis nach Wien, die Recherchen laufen, und die werden ja bald erledigt sein.«

»Wann bald?«

»Vielleicht noch heute, sicher aber morgen. Jedenfalls geb ich Ihnen Vergünstigungen. Eine andere Zelle, wo Sie einen Partner haben werden und gutes Essen auf Ihre Kosten.«

»Vielleicht zu der hübschen Zigeunerin?« sagte ich, und wir lachten.

Der Kerkermeister führte mich in eine andere Zelle, wo mich sogleich ein schwarzvollbärtiger junger Mann mit erhobenem Arm und dem Faschistengruß »Heil Hitler!« empfing – noch in Gegenwart des Kerkermeisters, und der lächelte nachsichtig. Es war der verpönte Nazigruß, es war die österreichische Systemzeit vor und gegen jenen Hitler, der seit einem halben Jahr als Reichskanzler in Deutschland herrschte und darauf lauerte, Österreich einzustecken. Mein Kumpan erklärte fröhlich, hier dürfe er es sich erlauben, so zu grüßen, mehr als eingesperrt könne er nicht werden, er kriege deshalb auf seine 28 Tage nicht weitere dazu. 21 Tage habe er schon hinter sich, und er zeigte mir die an der Wand eingeritzten 21 Striche.

»Und die ganze Zeit rasier ich mich nicht wie alle, der Vollbart ist unser Erkennungs- und Ehrenzeichen. Na und du? Bist du vielleicht kein Nazi?«

»Natürlich nicht!« Ich lächelte ihm in das naive Jungengesicht. Und dann, als wir allein zu zweit blieben, erzählte ich ihm die ganze Geschichte meiner Verhaftung. Ich sei eben das Opfer meiner Eisenbahn-Narretei.

 »Da hast du noch Glück gehabt!« entgegnete er, nachdem er

über die Szene mit dem Maniküzeug Tränen gelacht hatte. »Stell dir vor, es wär grad jetzt da in Villach ein Zug entgleist oder gar in die Luft gegangen. Na? Alle Augenblick gehen ja Telefonhäuseln und Häusln, wo man was anderes tut als telefonieren, in die Luft, oder eine Brücke wird gesprengt – alles von uns bösen Nazi! Darum sind wir ja eingesperrt, das ganze Häfn ist bummvoll von uns Hitlerleut, hahaha!«
Es wurde eine unterhaltsame Nacht des Politisierens Pro und Contra. Jung, wie wir waren, durchwachten wir die Nacht, freilich am andern Morgen, als ich mit gut einem Dutzend Nazi im Gefängnishof im Kreis herumtrotten mußte, um den Aufseher in der Mitte herum wobei Zigarettenrauchen erlaubt war, fielen mir die Augen zu. Ich war so müde, daß mir alles gleichgültig blieb und ich mich mehr nach Schlaf als nach Freiheit sehnte, obwohl draußen der herrlichste Spätsommertag war. Wieder in der Zelle, verfiel ich lange dem Schlaf des Gerechten.
Am Abend holte mich der Kerkermeister ab: »Zum Chef!« sagte er, und mein Kumpan rief mir nach: »Garantier dir, daß du jetzt frei gehst!«
Und so war es auch. Allerdings wurde ich nicht an den Chef, sondern an jene Beamten gewiesen, die das Protokoll mit mir aufgenommen und mir die Kleider samt Inhalt abgenommen hatten. Sie gaben mir die Kleider samt Inhalt zurück. Als ich das Maniküzeug erhielt, bekam ich wieder einen Lachkrampf. Sie sagten, die von Wien eingeholten Auskünfte über mich genügten, daß man mich freilassen könne. Sie entschuldigten sich nicht, es sei denn dafür, daß sie mir den Villacher Geleiseplan, der beim Akt bleiben müsse, nicht zurückgeben könnten.
»Macht nichts«, sagte ich, »den hab ich sowieso im Kopf.«
Ich stand draußen in der Nacht und erreichte den letzten Zug nach Seebach, meinem Ferienort. Ich war genau 33 Stunden eingesperrt gewesen. Es war, wie gesagt, in Villach, am 4. und 5. September 1933.

Schlußwort – ohne Kommentar

»Ich verstehe nicht, warum die Straßenbahn weitergeführt wird, obwohl sie doch ein Defizit ist. Heutzutage sind Menschen, die kein eigenes Auto haben, Außenseiter, auf die eine fortschrittliche Gesellschaft keine Rücksicht nehmen kann. Sollen sie halt um fünf Uhr aufstehen und zu Fuß zum Arbeitsplatz hatschen oder mit dem Taxi fahren, was weiß ich. Jedenfalls brauchen wir Autofahrer doch nicht von unserem Geld auf diese Zweitmenschen, diese Relikte aus grauer Vorzeit, Rücksicht zu nehmen.«

Leserbrief im »Wiener Wochenblatt«, 25. Jänner 1976